Feuerungsuntersuchungen

des Vereins für Feuerungsbetrieb und Rauchbekämpfung

in Hamburg.

Feuerungsuntersuchungen

des Vereins für Feuerungsbetrieb und Rauchbekämpfung

in Hamburg

durchgeführt unter der Leitung

des Vereinsoberingenieurs und Berichterstatters

F. Haier.

Mit 30 Zahlentafeln, 85 Textfiguren und 14 lithographierten Tafeln.

Springer-Verlag Berlin Heidelberg GmbH
1906

Additional material to this book can be downloaded from http://extras.springer.com

ISBN 978-3-642-89790-0 ISBN 978-3-642-91647-2 (eBook)
DOI 10.1007/978-3-642-91647-2

Softcover reprint of the hardcover 1st edition 1906

Spamersche Buchdruckerei in Leipzig.

Vorwort.

Die Gründe, welche den Verein für Feuerungsbetrieb und Rauchbekämpfung in Hamburg dazu führten, die Versuche vorzunehmen, deren Ergebnisse hier veröffentlicht werden sollen, sind im ersten Abschnitte des Berichtes ausführlich erörtert. Bestimmend war dabei insbesondere das Bedürfnis, unter möglichster Berücksichtigung der praktisch hierfür in Frage kommenden Verhältnisse, eine Erweiterung der Grundlagen herbeizuführen, auf welchen sich die Tätigkeit des Vereines entwickelt hat. Demgemäß erstreckten sich die Arbeiten vorwiegend auf die Untersuchung typischer Feuerungseinrichtungen, wie sie zur Minderung der Rauchentwicklung am einfachen, von Hand beschickten Planrost in zahlreichen Ausführungen vorhanden sind, und im Anschluß hieran auf die Klarstellung der bei ununterbrochener Beschickung durch mechanische Wurfapparate vorliegenden Verhältnisse. Hierbei war außer der Wirksamkeit dieser Einrichtungen in bezug auf die Einschränkung der Rauchentwicklung besonders auch der Zusammenhang zwischen der letzteren und der Ausnutzung der Brennstoffe eingehend zu erforschen, da gerade hierüber noch recht viele unklare Anschauungen weit verbreitet sind.

Daß die Versuche zur Durchführung gebracht werden konnten, ist in erster Linie dem weitgehenden Entgegenkommen der Herren Blohm & Voss in Hamburg zu danken, welche dem Vereine nicht nur die erforderliche Versuchsstation nach den gemachten Vorschlägen einrichteten und zur Verfügung stellten, sondern ihn auch noch durch namhafte Zuwendungen unterstützten.

In Anbetracht des über den Rahmen örtlicher Bedeutung hinausgehenden Zieles der Versuche richtete der Verein einen Antrag um Unterstützung der Arbeiten an die Jubiläumsstiftung der deutschen Industrie, welchem Gesuche durch die Zuwendung eines Beitrages von 6000 Mark in dankenswerter Weise stattgegeben wurde. Eine hierdurch bedingte Besprechung des Versuchsprogrammes mit Herrn Baudirektor Prof. Dr.-Ing. v. Bach, Stuttgart, an welcher Besprechung auch Herr Direktor Eberle vom Bayerischen Revisionsverein teilnahm, gaben dem Berichterstatter verschiedene Anregungen, wofür an dieser Stelle im Namen des Vereines zu danken, ihm eine angenehme Pflicht ist. Der Dank des Vereines gebührt ferner Herrn Geh. Hofrat Prof. Dr. Bunte, Karlsruhe für die den Arbeiten gewährte Unterstützung (siehe Seite 4, sowie Seite 11 u. f.), wodurch diese eine schätzbare Vervollständigung erfuhren. Bei der Durchführung der Versuche wurde der Berichterstatter insbesondere durch seine Mitarbeiter, die Herren Ingenieure NIES und GÖHNER in tatkräftiger Weise unterstützt.

Wenn auch auf dem in Frage stehenden Gebiete noch ein weites Feld für die Forschung verbleibt, so glaubt der Verein doch, bereits durch die vorliegenden Versuche, auf welche er sich mit Rücksicht auf die erforderlich gewesenen Aufwendungen zunächst beschränken mußte, für eine Reihe wichtiger Punkte auf dem Gebiete des Feuerungsbetriebes eine Klarstellung herbeigeführt zu haben. Er hofft durch seine Veröffentlichung zu weiteren Arbeiten anzuregen und zu einer gesunden Fortentwicklung der Behandlung der Rauchfrage beizutragen.

Hamburg 1905.

Der Berichterstatter

F. Haier.

Inhaltsverzeichnis.

Verzeichnis der Figuren.

Verzeichnis der Zahlentafeln.

Verzeichnis der Rauchübersichten.

Berichtigungen.

Seite 17, 7. Absatz, Zeile 4 statt „CH_2“ lies: „CH_4“.

Seite 23, Zeile 4 statt „Abgabe“ lies: „Abgase“.

Seite 23, Zeile 21 in der Überschrift e) statt „Leitung oder Strahlung“ lies: „Leitung und Strahlung“.

Seite 26, Gleichung (22) statt „$G_l =$“ lies: „$G_l' =$“.

Seite 27, Gleichung (27) statt „$n -$“ lies: „$n =$“

Seite 30, Zahlentafel 8 statt „Überdruck . . . kg/qm“ lies: „Überdruck . . . kg/qcm“.

Seite 44, Zeile 3 v. u. statt „Beim“ lies: „Bei“.

Seite 52, Zeile 3 statt „Fig. 52—56“ lies: „Fig. 42—46“.

I. Zweck der Versuche und Gesichtspunkte für ihre Durchführung.

Die Veranlassung zu den Arbeiten, über welche nachstehend berichtet werden soll, ergab sich aus der Tätigkeit des Vereins für Feuerungsbetrieb und Rauchbekämpfung in Hamburg. Es zeigte sich, daß mit den für dessen Wirkungsgebiet hauptsächlich in Frage kommenden Brennstoffen — englische und westfälische Gaskohlen mit einem Gehalt an flüchtigen Bestandteilen bis zu 35 v. H., ausschl. Wasser — es mit dem gewöhnlichen Planrost schon im Flammrohrkessel außerordentlich schwer ist, rauchschwach zu arbeiten, falls gleichzeitig die Verbrennung mit möglichst geringem Luftüberschuß wirtschaftlich erfolgen soll. Anderseits wiesen sowohl die gelegentliche Untersuchung einzelner Einrichtungen mit selbsttätig regelbarer Sekundärluftzufuhr, als auch der häufig gemachte einfache Versuch, nach dem Bearbeiten der Feuer einen Spalt an der Feuertür so lange offen zu lassen, wie die Hauptgasentwicklung anhält, darauf hin, daß die zeitweise Zuführung von Sekundärluft beim gewöhnlichen Planrost, wenigstens im Flammrohrkessel sich als sehr wirksam zur Rauchverminderung, auch bei den gasreichsten Kohlen erweist und dabei doch die Möglichkeit gewährleistet, durchaus mäßigen Luftüberschuß, also gute Ausnutzung der Kohle zu erzielen, ohne auf die Vorzüge des Planrostes verzichten zu müssen. Man erkannte, daß bei letzterem für Handbeschickung im Falle der Verwendung obenerwähnter Brennstoffe die Herbeiführung vollkommener Verbrennung bei gleichzeitiger Einschränkung des durchschnittlichen Luftüberschusses auf ein geringstes Maß ohne zeitweise Sekundärluftzufuhr gar nicht zu erreichen ist.

Da nun gerade hinsichtlich des Wertes dieser einfachsten Einrichtungen zur Verminderung der Rauchentwicklung, deren Einbau in der Regel sich ohne allzu hohe Kosten bewirken läßt, die Ansichten selbst in weiten Fachkreisen noch sehr geteilt sind, so beschloß der Verein, zu möglichst einwandfreier Klarstellung der diesbezüglichen Verhältnisse eingehende Versuche durchzuführen, um einen zuverlässigen Aufschluß zu erhalten

1. über die Wirksamkeit der hierher gehörigen Einrichtungen in bezug auf die Verminderung der Rauchentwicklung und
2. über ihren Einfluß auf die Ausnutzung des Brennstoffes.

In Verbindung damit sollten die Versuche gleichzeitig einen möglichst sicheren Einblick in die so viel umstrittene Frage des Zusammenhanges zwischen der Rauchentwicklung und der Ausnutzung der Brennstoffe überhaupt liefern, welche Frage für die Industrie naturgemäß von besonderer Bedeutung ist.

Da ferner dem Gebiete der mechanischen Rostbeschickung, welche besonders für größere Betriebe in Frage kommen kann, seitens der Industrie neuerdings ein erhöhtes Interesse entgegengebracht wird, so erschien es dem Verein geboten, die Versuche auch hierauf auszudehnen.

Die Behauptungen der Erfinder und Erbauer von Feuerungseinrichtungen über die mit deren Verwendung angeblich eintretende Steigerung der Ausnutzungsverhältnisse gehen gewöhnlich viel zu weit; infolgedessen besteht bei vielen Industriellen gegen besondere Feuerungseinrichtungen eine gewisse Abneigung, die zum Teil von der Nichterfüllung der erwähnten wirtschaftlichen Verheißungen herrührt, zum Teil in Mißerfolgen begründet ist, hervorgerufen durch mangelhafte, den besonderen Verhältnissen nicht gebührend Rechnung tragende Anordnung oder durch unsachgemäße Behandlung. Im Hinblick hierauf sollte ein weiterer Zweck der Versuche sein, durch die bezeichnete Klarstellung einerseits unberechtigter Reklame den Boden zu entziehen, anderseits aber auch die tatsächlich vorhandene günstige Wirkungsweise, sowie deren Bedingungen und Grenzen nachzuweisen. Dieses Vorgehen erschien um so mehr geboten, als es bei dem derzeitigen Stand der Kenntnisse auf dem in Frage kommenden Gebiete nur auf diese Weise möglich sein dürfte, einen richtigen Fortschritt herbeizuführen, während einfaches Empfehlen oder Vorschreiben solcher Konstruktionen, solange eine derartige Klarstellung nicht erfolgt ist, immer nur dazu angetan sein wird, die einschlägigen Verhältnisse noch ungesunder zu gestalten als sie es, wie jeder damit Vertraute weiß, heute in nicht geringem Maße sind.

Bezüglich der Einrichtungen für regelbare Zufuhr von Sekundärluft wurden die Versuche, um auch über den Einfluß der Art bzw. des Ortes dieser Zufuhr Aufschluß zu erhalten, auf vier typische Anordnungen ausgedehnt, und zwar auf:

Zufuhr der Luft von vorn durch die Feuertür,

Zufuhr von vorn und oben längs des Scheitels des Flammrohres (Konstruktion von J. A. Topf & Söhne, Erfurt),

Zufuhr am hinteren Ende des Rostes durch die durchbrochene Feuerbrücke (Konstruktion von Kowitzke & Co., Berlin)

und Zufuhr hinter der Feuerbrücke in eine dort geschaffene, besondere Verbrennungskammer (Konstruktion von E. J. Schmidt, Hamburg).

Aus der großen Zahl der Einrichtungen für mechanische Rostbeschickung wurde der Wurfapparat „Katapult" von J. A. Topf & Söhne, Erfurt, gewählt[1]). Derselbe war gleichzeitig mit einer abstellbaren Einrichtung für Zufuhr von Sekundärluft ausgerüstet, so daß man sich auch über deren Wert bei mechanischer Beschickung ein Urteil bilden konnte.

Um festzustellen, was ohne jegliche besondere Einrichtung erreichbar ist, wenn die Feuerführung durch einen zuverlässigen geschickten Heizer derart erfolgt, wie sie im Interesse der Wirtschaftlichkeit im Betriebe anzustreben ist, kamen natürlicherweise auch Gegenversuche mit dem gewöhnlichen Planrost allein zur Durchführung.

Da es um so schwerer ist, vollkommene Verbrennung zu erzielen, je geringer die überschüssige Luftmenge ist, anderseits aber aus wirtschaftlichen Gründen das Bestreben dahin gerichtet sein muß, die Verbrennung bei möglichst geringem Luftüberschuß vollkommen zu gestalten, so war es auch Aufgabe der Versuche, sowohl beim einfachen Planrost als bei den verschiedenen Feuerungseinrichtungen, die zum Einbau kamen, jeweils die Grenze festzustellen, bis zu welcher die Einschränkung der Luftzufuhr möglich ist, wenn man noch eine derart vollkommene Verbrennung erreichen will, daß die auftretende Rauchentwicklung als belästigend nicht mehr gelten kann. Die Größe des Luftüberschusses, der zu diesem Zweck bei den einzelnen Feuerungseinrichtungen gebraucht wird, ist für deren wirtschaftlichen Wert naturgemäß von besonderer Bedeutung.

---

[1]) In Betrieben seiner Mitglieder hatte der Verein außerdem Gelegenheit, mit weiteren mechanischen Feuerungseinrichtungen verschiedener Konstruktion eingehende Versuche durchzuführen, worüber an anderer Stelle, soweit nicht schon geschehen, besonders berichtet wird.

Die Versuche wurden alle am gleichen Kessel, und zwar mit jeder Einrichtung bei verschiedenen Beanspruchungsstufen und mit verschiedenen Kohlensorten vorgenommen. Man war dabei namentlich auch bestrebt, festzustellen, inwieweit noch vollkommene Verbrennung bei hoher Belastung erzielt werden kann. Es wurde gewechselt zwischen 12, 18, 24 und 30 kg Wasserverdampfung pro qm Kesselheizfläche und Stunde, wobei die sich einstellenden Rostbeanspruchungen das Gebiet von ca. 40 bis ca. 160 kg Kohle pro qm Rostfläche und Stunde umfaßten. An Kohlen kamen zur Verwendung für die Versuche mit Handbeschickung:

eine Sorte englischer Gasstückkohle „Westhartley-Main" mit einem Gehalt an flüchtigen Bestandteilen, ausschl. Wasser, von im Mittel ca. 32 v. H. und einem mittleren Heizwert von ca. 6900 WE,

eine Sorte englischer Gasförderkohle „New-Pelton-Main" mit im Mittel ca. 24 v. H. flüchtigen Bestandteilen und ca. 7700 WE Heizwert

und eine Sorte westfälischer Gasflammförderkohle „Rhein-Elbe und Alma" mit im Mittel ca. 24 v. H. flüchtigen Bestandteilen und ca. 7300 WE Heizwert;

für die Versuche mit mechanischer Beschickung:

eine Sorte englischer Gasnußkohle „Silksworth" mit im Mittel ca. 29 v. H. flüchtigen Bestandteilen und ca. 7500 WE Heizwert

und eine Sorte westfälischer Fettnußkohle „Holland" mit im Mittel ca. 18 v. H. flüchtigen Bestandteilen und 7500 WE Heizwert;

außerdem wurde ein Versuch mit der für Handbeschickung verwendeten englischen Förderkohle „New-Pelton-Main" durchgeführt.

Bei der Wahl der zur Verheizung gelangenden Kohlen ging man davon aus, solche Sorten heranzuziehen, welche in ihren Eigenschaften etwa den in Hamburg durchschnittlich in Verwendung stehenden entsprechen und die gleichzeitig zu den am stärksten zur Rauchbildung neigenden zählen, wofür im allgemeinen bekanntlich der Prozentsatz an flüchtigen Bestandteilen, ausschl. Wasser einen Anhalt gewährt. Während die New-Peltonkohle, ebenso wie die westfälische Gasflammkohle etwas Neigung zum Backen zeigt, ist dies bei den sehr gasreichen Westhartley- und Silksworthkohlen nicht der Fall. Erstere Kohlen müssen zur Beförderung gleichmäßigen Abbrandes öfter gelockert werden als letztere, verursachen daher häufigeres Arbeiten im Feuer, was ebenso wie das Aufwerfen zur Rauchbildung Anlaß geben kann. Die Westhartley- und Silksworthkohlen brennen dagegen gleichmäßiger weg, neigen aber infolge ihres hohen Gasgehaltes zu erheblich stärkerer Rauchbildung unmittelbar nach dem Aufwerfen. Die westfälische Fettkohle endlich, welche weniger flüchtige Bestandteile bei der Verbrennung ausscheidet, läßt sich leichter ohne übermäßige Rauchentwicklung verbrennen.

Um über die Beziehungen zwischen der Rauchentwicklung und den Ausnutzungsverhältnissen Aufschluß zu erhalten, war eine sichere Ermittelung der durch unvollkommene Verbrennung, also durch unverbrannte Gase und durch Ruß eintretenden Wärmeverluste von größter Bedeutung. Bezüglich dieses Punktes liegen die Kenntnisse noch sehr im Argen, was daher rührt, daß eine genügend einfache und unter den Verhältnissen im Kesselhaus praktisch anwendbare Methode zur Bestimmung dieser Verluste auf dem unmittelbaren Wege chemischen Meßverfahrens bisher nicht bekannt geworden war, weshalb auch derartige Untersuchungen nach Wissen des Berichterstatters seit den in den Jahren 1879—81 in der damaligen Heizversuchsstation in München vorgenommenen Arbeiten von Bunte[1])

[1]) Siehe H. Bunte, Zeitschrift des Vereines Deutscher Ingenieure 1900, S. 647, sowie Bayer. Industrie- und Gewerbeblatt 1879/81, H. Bunte: Berichte der Heizversuchsstation München.

nicht mehr zur Durchführung gelangt sind. Auch im vorliegenden Falle war zuerst beabsichtigt, den gesuchten Einblick auf indirektem Wege zu gewinnen, in ähnlicher Weise, wie dies bei den Versuchen geschehen ist, welche der Berichterstatter in der Zeitschrift des Vereines Deutscher Ingenieure 1905, S. 20 u. f. und S. 83 u. f. veröffentlicht hat. Durch eine Versuchsreihe mit gasarmem Brennstoff, bei dessen Verwendung es nicht schwer fällt, unvollkommene Verbrennung zu vermeiden, sollten die Verluste durch Leitung und Strahlung des Versuchskessels bei den in Frage kommenden Belastungsstufen bestimmt werden, um aus dem Unterschied der so ermittelten Werte gegenüber dem Rest an nicht nachgewiesener Wärme bei den einzelnen Versuchen mit gasreichem Brennstoff einen Anhalt über die Größe des durch unvollkommene Verbrennung eintretenden Verlustes zu bekommen. Indessen erschien die Erzielung des gewünschten Aufschlusses in hinreichend sicherer Weise auf diesem Wege, sofern es sich nicht um Fälle sehr stark unvollkommener Verbrennung handelt[1]), doch nicht als genügend verbürgt, besonders wenn man das Verhältnis der in Frage stehenden Verlustziffern zu den auch bei größter Sorgfalt, sowohl bei der Versuchsdurchführung als bei der Heizwertermittlung möglichen Fehlern in Betracht zieht, welche gleichfalls in dem Restglied der Wärmebilanz zum Ausdruck kommen. Außerdem war anzunehmen, wie dies nachher durch die Versuche bestätigt wurde, daß eine Abhängigkeit des Verlustes durch Leitung und Strahlung nicht nur von der Belastung bestehe, sondern auch von der die Temperatur- und Wärmeübergangsverhältnisse sehr stark beeinflussenden Größe des Luftüberschusses bei der Verbrennung.

Der Berichterstatter trat deshalb in dieser Angelegenheit mit Herrn Prof. Dr. BUNTE in Karlsruhe in Verbindung und erfuhr, daß die seinerzeit bei den Arbeiten in der Heizversuchsstation in München angewandte Methode zur Bestimmung des Verbrennlichen in den Heizgasen neuerdings eine Verbesserung erfahren hatte, derart daß sie eine bereits erprobte Verwendung im Kesselhaus finden konnte. Herr Prof. Dr. BUNTE erklärte sich in dankenswertester Weise bereit, zur Durchführung der diesbezüglichen Arbeiten jeweils einen seiner Assistenten zu den Versuchen zu entsenden[2]), wodurch es ermöglicht wurde, bei der Mehrzahl der Versuche die auf S. 14 u. f. beschriebene Untersuchung der Abgase auf ihren Gehalt an Verbrennlichem zur Durchführung zu bringen.

Die mit gasarmem Brennstoff vorgesehenen Versuche wurden indessen trotzdem mit vorgenommen, um eine gewisse Kontrolle für die Versuche mit gasreichem Brennstoff zu erhalten, und um außerdem über den bisher sehr wenig aufgeklärten Verlust durch Leitung und Strahlung und die ihn hauptsächlich beeinflussenden Umstände doch einigen Aufschluß herbeizuführen, da ein Anhalt über die Größe dieses Verlustes für die Beurteilung von Dampfkesseluntersuchungen bekanntermaßen von erheblicher Bedeutung ist. In der Tat hatten die Versuche in dieser Richtung ganz guten Erfolg. Außerdem gewährten sie genaueren Einblick in den Zusammenhang der Wärmeverteilungsverhältnisse mit der Belastung und dem Luftüberschuß.

---

[1]) Übrigens ist auch bei stark unvollkommener Verbrennung mehr als eine näherungsweise Ermittlung, abgesehen von allen sonstigen Einflüssen, schon deshalb nicht möglich, weil der Abwärmeverlust in diesem Falle ohne Kenntnis des Gehaltes an Kohlenoxyd und Wasserstoff in den Abgasen nicht hinreichend genau festzustellen ist. (Siehe hierüber F. HAIER, Zeitschrift des Vereines Deutscher Ingenieure 1905, S. 23 u. f. und S. 83 u. f.)

[2]) Demzufolge beteiligten sich an den Versuchen nacheinander die Herren Dipl.-Ing. SCHMIDT, SCHWENKE und Dr. MEYER, welchen für ihre Unterstützung an dieser Stelle gebührend gedankt sei.

II. Durchführung der Versuche und hierfür getroffene Einrichtungen.

Für die Durchführung der Versuche wurde dem Verein auf der Werft der Herren Blohm & Voss in Hamburg ein Zweiflammrohrkessel zur Verfügung gestellt, dessen Bauart und Hauptabmessungen aus den Fig. 1—6 ersichtlich sind. Er hat rund 73 qm wasserberührte Heizfläche und besitzt in jedem Flammrohr sieben Quersieder. Nach dem Verlassen der Flammrohre bestreichen die Heizgase einen Heringschen Überhitzer von 25 qm Heizfläche. Regulierorgane für diesen sind nicht vorhanden, so daß immer die ganze Rauchgasmenge durch den Überhitzer geht. Mit der Rostfläche wurde nach Bedarf wiederholt gewechselt. Sie war ursprünglich bei 1680 mm Länge 2,82 qm groß, welches Maß für eine Reihe der Versuche beibehalten wurde. Eine große Zahl von Versuchen kam auch mit einer kleineren Rostfläche von 2,12 qm entsprechend ca. 1260 mm Länge zur Durchführung. Der konzessionierte Überdruck beträgt 7 kg/qcm.

Der Versuchskessel war ursprünglich zusammen mit fünf anderen von gleicher Bauart und Größe als letzter an einen gemeinsamen Schornstein angeschlossen. Die sechs Kessel liegen in drei Gruppen von je zwei nebeneinander. Die Abgase der übrigen im gleichen Kesselhaus befindlichen Kessel gehen unabhängig davon nach einem anderen Schornstein. Mit Rücksicht auf die notwendigen Schornsteinbeobachtungen, sowie auf die Abgasuntersuchungen wurde nun der Versuchskessel von dem gemeinsamen Fuchskanal seiner Batterie abgetrennt und mit einem eigenen Blechschornstein von 850 mm lichtem Durchmesser und isolierendem Luftmantel versehen. Dessen Höhe betrug 34 m über dem Sockel, wogegen sich die gesamte Schornsteinerhebung über dem Rost zu rund 36,5 m ergab. Der Nebenkessel wurde während der ganzen Zeit der Versuchsdurchführung stillgelegt. Die Anordnung der insgesamt getroffenen Einrichtungen zeigen die Figuren 7 und 8, sowie 9—11.

Von besonderer Bedeutung für die Genauigkeit der Versuche war die Möglichkeit, den Kessel während des ganzen Verlaufes eines Versuches hinreichend gleichmäßig belasten zu können. Außerdem mußten die einzelnen Belastungsstufen, da die Versuche sich auf die verschiedensten Anstrengungsverhältnisse zu erstrecken hatten, nach Bedarf gewählt werden können. Beiden Forderungen ließ sich dadurch leicht gerecht werden, daß der Kessel an die Hauptdampfleitung der Werft mit angeschlossen war. Einerseits wurde durch entsprechende Einstellung des Ganges der Speisepumpe dem Kessel gleichmäßig eine ganz bestimmte Speisewassermenge zugeführt. Anderseits konnte durch ein aus den Figuren ersichtliches, unmittelbar vor der Einmündung des Kesselanschlusses in die Hauptdampfleitung eingeschaltetes Ventil die Dampfabgabe des Kessels geregelt werden. Der Heizer hatte gleichmäßig zu arbeiten, so daß bei entsprechender Einstellung der Zugstärke der Wasserstand immer auf gleicher Höhe blieb, was durch Markierung am Wasserstandsglas erleichtert wurde. Die Herbeiführung gleichmäßiger Dampfspannung erfolgte durch Regulierung mit dem erwähnten Ventil, derart, daß beim Fallen der Dampfspannung, was eine stärkere

Fig. 1.

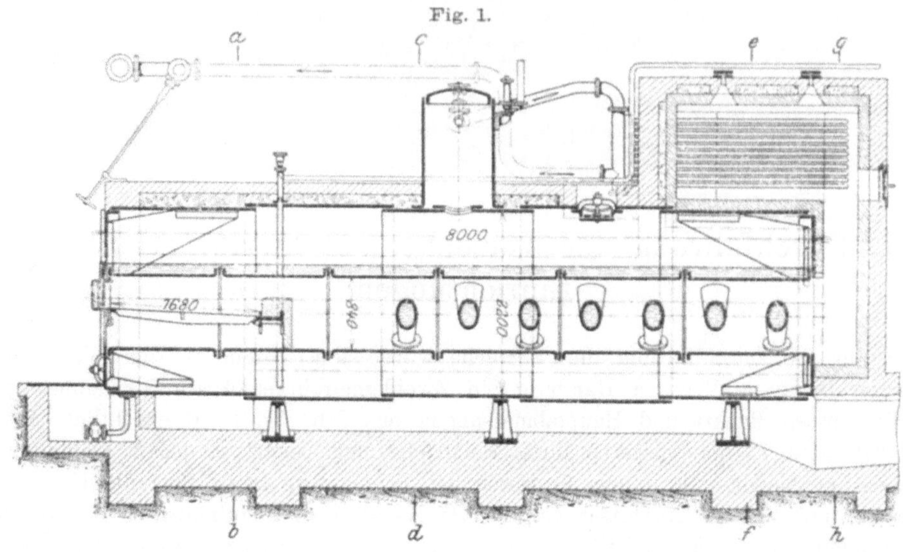

Fig. 3.

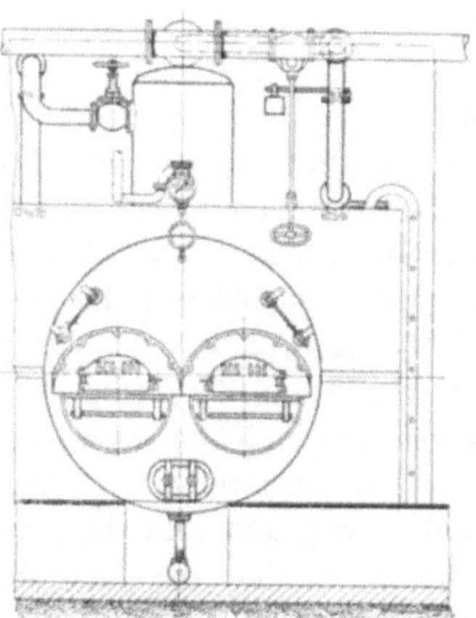

Fig. 5. Schnitt e-f.

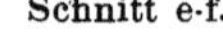

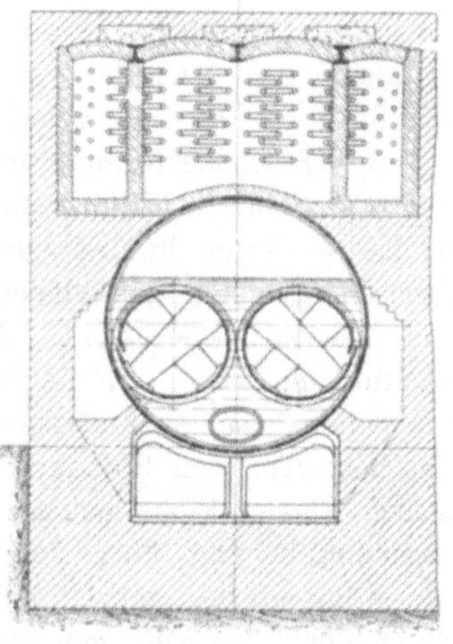

Schnitt a-b. Fig. 4. Schnitt c-d.

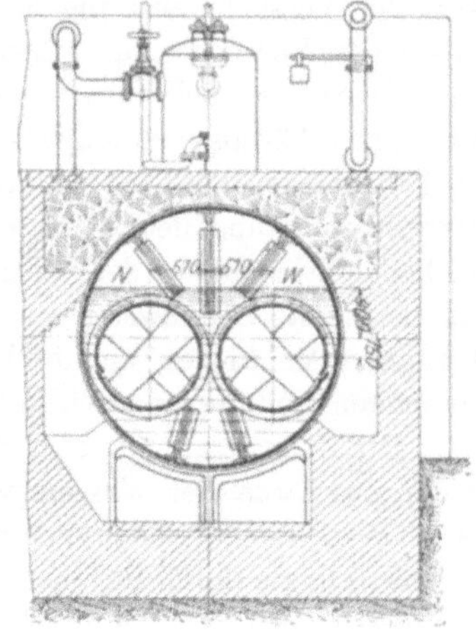

Fig. 6. Schnitt g-h.

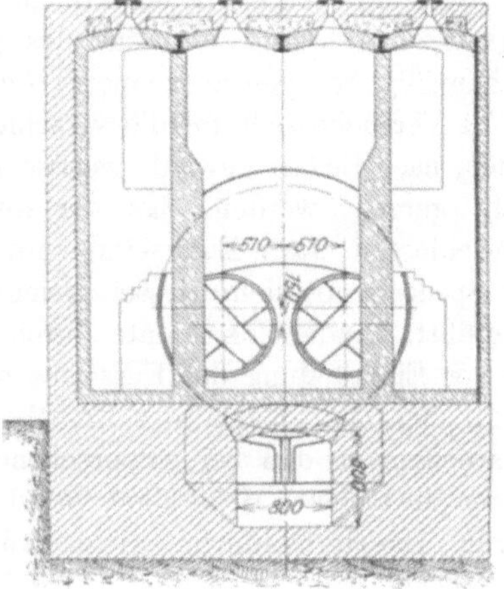

Fig. 2.

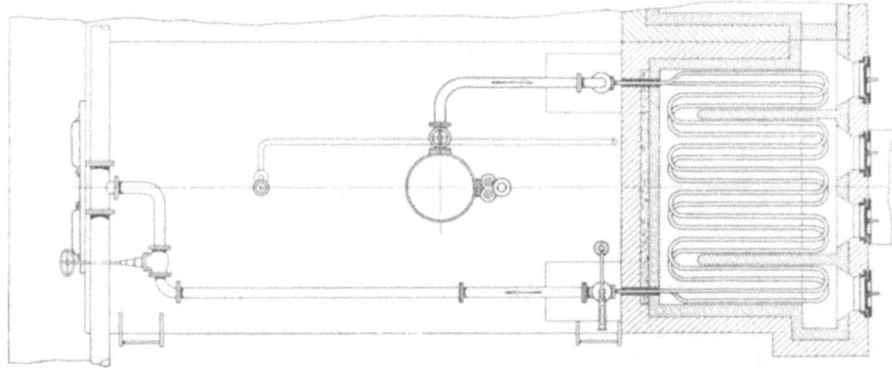

Dampfabgabe des Versuchskessels anzeigte, das Ventil mehr geschlossen, im entgegengesetzten Falle mehr geöffnet wurde. Das Handrad des letzteren war, wie die Figuren 1—3 zeigen, leicht zugänglich vor dem Kessel angebracht. Selbstverständlich mußte die Dampfspannung in den anderen Kesseln immer unter derjenigen des Versuchskessels gehalten werden.

Die Einstellung der Speisepumpe auf die gewünschte Wasserlieferung erfolgte durch einen in die Speisedruckleitung direkt hinter der Pumpe eingeschalteten Kolbenwassermesser System Schmid (Anordnung desselben siehe Fig. 10), dessen aus der jeweiligen Belastung von fünf zu fünf Minuten sich ergebende Anzeigen bei Versuchsbeginn vorausberechnet und in einer Tabelle zusammengestellt neben dem Zählwerk aufgehängt wurden. Der mit der Wasserwägung betraute Beobachter hatte dieser Tabelle entsprechend den Gang der Pumpe derart zu regeln, daß die Angaben des Zählwerkes mit denen der Tabelle in Übereinstimmung blieben[1]. Ursprünglich angestellte Versuche, die Gleichmäßigkeit der Dampfabgabe mit Hilfe eines Dampfgeschwindigkeitsmessers zu ermöglichen, hatten einen Erfolg nicht gehabt. Dagegen ließen sich auf die vorstehend angegebene Weise nach einiger Einübung des Personals bei jeder beliebigen Belastungsstufe hinreichend konstante Verhältnisse herbeiführen, und blieben die Schwankungen des Betriebes ohne Einfluß auf den Versuchskessel. Da auch während der Betriebspausen immer noch so viel Dampf an die Hauptleitung abgegeben werden konnte als der Versuchskessel zu liefern hatte, so wurde die Gleichmäßigkeit der Dampfabgabe in keiner Weise gestört.

Über die durchgeführten Beobachtungen, für welche die bekannten, vom Verein Deutscher Ingenieure aufgestellten Normen für Leistungsversuche an Dampfkesseln maßgebend waren, ist folgendes zu erwähnen:

Die Feststellung des Kohlen- und Speisewasserverbrauches erfolgte durch Wägung unter annähernder Kontrolle des letzteren durch obenbeschriebene Messung.

[1]) Auf diese Weise erhielt man, da der Wassermesser bei dem verwendeten kalten Speisewasser über die Dauer der Versuche ziemlich zuverlässig anzeigte, gleichzeitig eine Kontrolle für die Wasserwägung. Die Abweichungen zwischen Wägung und Messung betrugen beispielsweise bei der geringsten angewendeten Kesselbelastung von 6 kg pro qm Kesselheizfläche und Stunde bei einer neunstündigen Versuchsdauer an zwei Tagen 2 kg und 3 kg, welche der Wassermesser auf 3939 und 3945 kg zu wenig zeigte, während bei der größten für die Versuche gewählten Belastung von 30 kg pro qm Kesselheizfläche und Stunde an zwei Tagen beispielsweise 36 kg Mehranzeige auf 19656 kg und 48 kg Wenigeranzeige auf 19740 kg beobachtet wurden. Über $^1/_2$ v. H. Abweichung wurde nur bei wenigen Versuchen festgestellt. Der größte Unterschied betrug 0,87 v. H. Als maßgebend für den Verbrauch galt natürlich immer das Ergebnis der Wägung.

Dabei wurden zu weiterer Kontrolle mit dem Wasser stündliche Abschlüsse gemacht, während mit den Kohlen ein Teilabschluß immer nach der halben Versuchsdauer zur Durchführung kam.

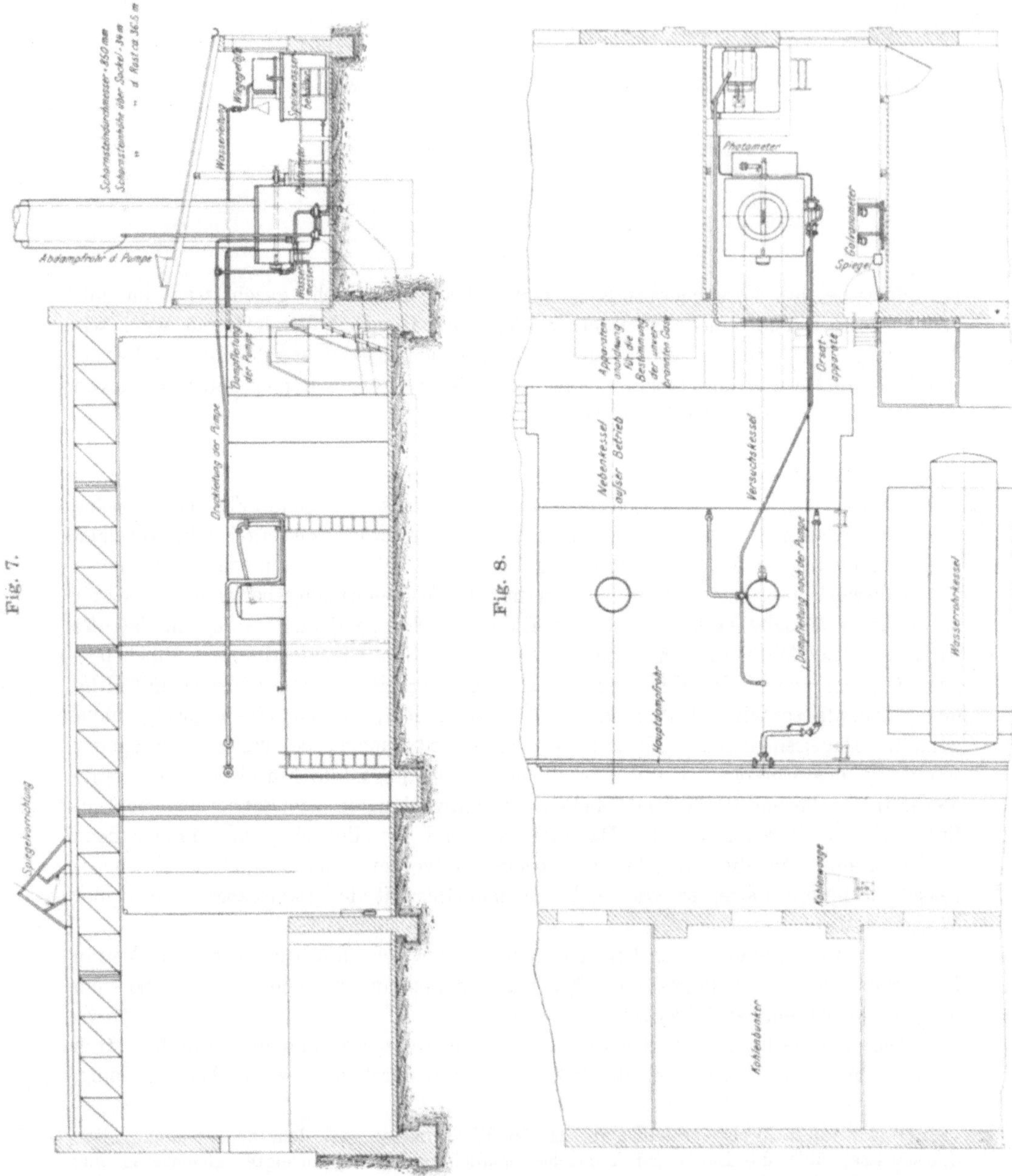

Fig. 7.

Fig. 8.

Die Ablesung des Dampfdruckes und der Speisewassertemperatur erfolgte in Pausen von 15 Minuten, diejenige der Dampftemperatur beim Verlassen des Überhitzers in Pausen von zehn Minuten. Gleichzeitig mit der Dampfspannung wurde der Wasserstand an besonders angebrachten Skalen notiert. Zur Prüfung der Manometerangaben fanden wiederholte Vergleiche mit einem Kontrollmanometer statt. Die Feststellung des Gehaltes der Rauchgase an Kohlensäure und Sauerstoff am Flammrohrende geschah mittels Orsat-Apparates. Es wurden gemeinsam aus beiden Flammrohren in regelmäßigen Pausen von $7^1/_2$ Minuten Gasproben entnommen, die man der Vollständigkeit halber gleichzeitig auch auf Kohlenoxyd untersuchte[1]. Am Kesselende fand mittels des Orsat-Apparates die Untersuchung der Abgase nur auf Kohlensäure statt, welche Untersuchung jedoch, um einen möglichst genauen Mittelwert zu bekommen, in regelmäßigen Pausen von $2^1/_2$ Minuten durchgeführt wurde[2]. Zur fortlaufenden Feststellung des Unterdruckes über dem Rost, am Flammrohr- und am Kesselende, sowie am Schornsteinfuß diente

Fig. 9.

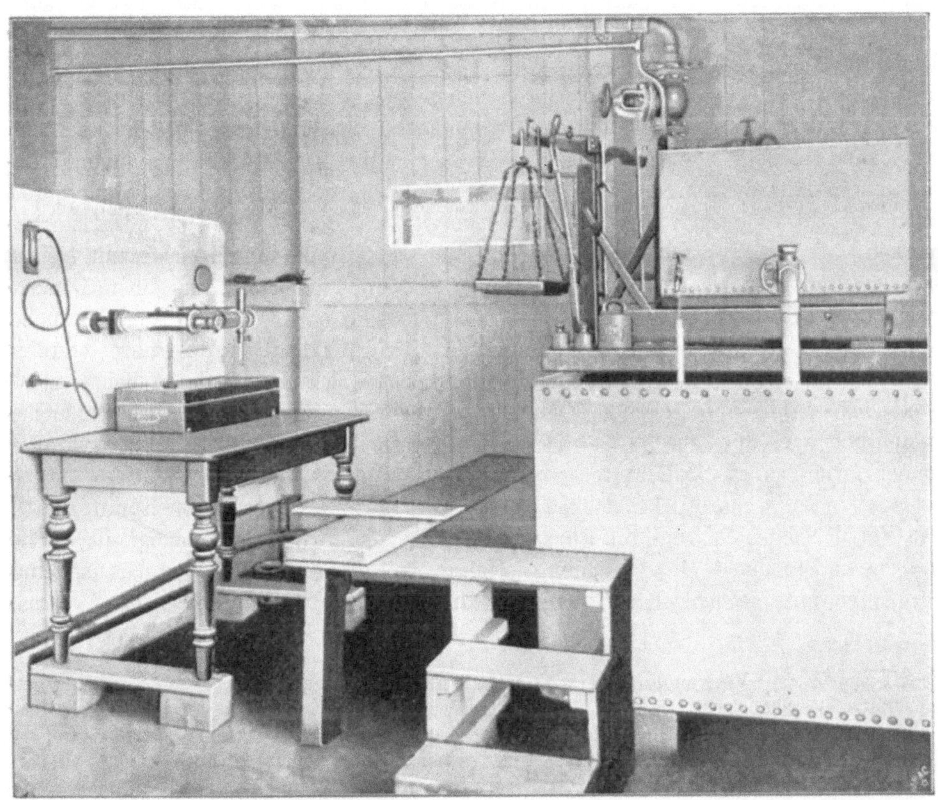

der gewöhnliche U förmige Zugmesser mit Wasserfüllung. Die Temperaturen der Heizgase wurden am Kesselende gemessen; ebenso wurde die Temperatur der dem Rost zuströmenden Verbrennungsluft regelmäßig an zwei Thermometern abgelesen, welche entsprechend geschützt vor dem Kessel im Strom der zufließenden Luft

[1] Die vollständige Untersuchung der Abgase auf ihren Gehalt an Verbrennlichem erfolgte in der auf S. 14 u. f. beschriebenen Weise am Kesselende, und wurden die dabei gewonnenen Werte den Berechnungen zugrunde gelegt, da es mit dem Orsat-Apparat nur möglich ist, größere Mengen von Kohlenoxyd, wie sie direkt nach dem Bearbeiten der Feuer auftreten können, mit einiger Sicherheit festzustellen. Immerhin ergaben die durch den Orsat-Apparat fortlaufend mit vorgenommenen Bestimmungen gerade hinsichtlich des periodischen Auftretens von Kohlenoxyd einen guten Einblick.

[2] Bei diesen Untersuchungen kam der vom Verein für Feuerungsbetrieb und Rauchbekämpfung in Hamburg verbesserte und ihm unter D. R. G. M. Nr. 198267 geschützte

angebracht waren. Der Unterdruck über dem Rost wie auch die Temperatur der Verbrennungsluft zusammen mit Dampfspannung und Wasserstand wurden viertelstündlich, der Unterdruck am Flammrohrende dagegen in gleichen Pausen mit der Gasentnahme an dieser Stelle, also $7\frac{1}{2}$ minutlich, notiert. Die Beobachtungen von Temperatur und Unterdruck am Kesselende wurden gleichzeitig mit den Kohlensäurebestimmungen daselbst in Pausen von $2\frac{1}{2}$ Minuten gemacht. Zur Bestimmung der Abgastemperaturen ebenso wie der Dampftemperaturen hinter dem Überhitzer dienten hochgradige von der Physikalisch-Technischen Reichsanstalt geprüfte Quecksilberthermometer von W. Niehls, Berlin. Ein Galvanometer war zur Beobachtung der Temperaturen an einer Reihe von Stellen im Kesselmauerwerk aufgestellt. Um die Möglichkeit zu haben, den Beharrungszustand dieses Mauerwerks kontrollieren zu können, wurden an insgesamt 16 Punkten der Seitenwände und der Hinterwand des Kessels, sowie auf der Kesseldecke und am Überhitzermauerwerk Thermoelemente eingesetzt und durch einen gemeinsamen Umschalter, der aus Fig. 11 ersichtlich ist, mit diesem Galvanometer verbunden[1]). Da indessen der Versuchskessel bei jeder Versuchsgruppe auch während der Sonntage in ununterbrochenem Betrieb gehalten werden konnte, so war es nicht schwer, stets guten Beharrungszustand für die Versuche zu erzielen. Im übrigen ist noch zu bemerken, daß der Versuchskessel für jede Versuchsgruppe, deren insgesamt sieben zur Durchführung kamen, außen und innen gründlich gereinigt und überall nachgesehen wurde. Das Mauerwerk des wenige Monate vor Beginn der Versuche neu eingemauerten Kessels war immer gut dicht. Die Überhitzerrohre wurden jeden Abend abgeblasen. Außer auf das Vorhandensein ausreichenden Beharrungszustandes wurde auf gleichen Zustand zu Beginn und zu Ende des Versuchs, namentlich auch hinsichtlich der Feuer, ganz besonders geachtet. Letztere wurden immer genau zu gleichen Zeiten vor Beginn und vor Schluß des Versuchs abgeschlackt. (Ein weiteres Abschlacken fand in gleicher Weise vor Versuchsmitte statt.) Die Versuchsdauer betrug mit Rücksicht auf die erzielbare Gleichmäßigkeit durchweg neun Stunden. Die Bedienung erfolgte bei allen Versuchen mit Ausnahme derjenigen mit mechanischer Rostbeschickung durch einen Lehrheizer des Vereins,

---

Orsat-Apparat zur Verwendung, der sich dabei sehr gut bewährte. Der große Vorzug dieses Apparates besteht darin, daß er infolge der Verwendung von Eisen- bzw. Kupferdrahtröllchen an Stelle der üblichen Glasröhren eine außerordentlich wirksame Absorptionsoberfläche darbietet und deshalb gestattet, in rascher Aufeinanderfolge entnommene Proben sicher zu untersuchen. Der Apparat war der Großh. Chem.-Techn. Prüfungs- und Versuchsanstalt in Karlsruhe zur Prüfung eingesandt, welche sich auf Grund eingehender Versuche dahin äußerte, daß die „Anwendbarkeit von Drahtnetzspiralen für die Absorptionspipetten außer Frage steht und die Neuerung als eine zweckmäßige und praktische empfohlen werden darf. Das Eisen verhält sich sowohl in der zur Kohlensäureabsorption dienenden Kalilauge, als auch in der alkalischen Pyrogallollösung zur Bestimmung des Sauerstoffgehaltes völlig indifferent, während das Kupfer in der Kupferchlorürlösung, dadurch, daß es diese immer wieder reduziert, wenn sie durch den Zutritt von Luft oxydiert worden ist, die gasanalytischen Daten nur in günstigem Sinne beeinflußt."

[1]) An das Galvanometer wurden bei den letzten Versuchsgruppen noch einige in den Schornstein in verschiedenen Höhen eingesetzte Thermoelemente angeschlossen, um über das Maß der Abkühlung bzw. des Wärmedurchganges durch dessen Wandungen einigen Aufschluß zu erhalten. Gleichzeitig damit fanden fortlaufende Beobachtungen des Unterdruckes am Schornsteinfuß und der Temperatur im Freien statt, um auch die Zugverhältnisse verfolgen zu können. (Näheres hierüber S. 85 u. f.)

Weitere bei den Versuchen durchgeführte Temperaturmessungen, welche mit dem Zweck der Arbeiten nicht in unmittelbarem Zusammenhang standen, sind in den Bericht nicht mit aufgenommen und einer eventuellen späteren Veröffentlichung vorbehalten.

und zwar übernahm derselbe die Feuerführung immer von dem etwa eine Stunde vor Versuchsbeginn beendigten Abschlacken an, das noch überwacht wurde. Die Art der Feuerführung und die dabei als Richtschnur dienenden Gesichtspunkte sind auf Seite 58 erläutert. Die Bedienung erfolgte in einer solchen Weise, wie

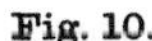
Fig. 10.

sie im Betrieb dauernd durchführbar und leicht zu kontrollieren ist. Dem Heizer war die Beobachtung des Schornsteinkopfes, wie aus Fig. 7 ersichtlich, durch eine Spiegelvorrichtung von seinem Stande aus möglich. Die über die Feuerführung, die zu verwendende Schieberstellung usw. erforderlichen Angaben und Beobachtungen lagen dem für den Versuch verantwortlichen Vereinsingenieur ob.

Auf die pünktliche Entnahme von zuverlässigen Durchschnittsproben der jeweils verwendeten Kohlen und der Rückstände, welche in der üblichen Weise erfolgte, wurde besonderer Wert gelegt. Die Untersuchung der in verlöteten Blechbüchsen versandten Proben wurde zum Teil durch die Großh. Bad. Chem.-Techn. Prüfungs- und Versuchsanstalt in Karlsruhe, zum Teil durch das Laboratorium des Bayer. Revisionsvereins in München ausgeführt. Die Rückstände kamen immer trocken zur Wägung, und in gleichem Zustand wurde die Durchschnittsprobe entnommen.

Wesentlich für die Versuche war die fortlaufende Beobachtung der Rauchentwicklung. Um dabei ein möglichst objektives Ergebnis zu erhalten, was bei unmittelbarer Beobachtung durch das Auge mit Rücksicht auf den verschiedenen Einfluß der Witterungsverhältnisse sehr schwer ist, griff man zu der

Fig. 11.

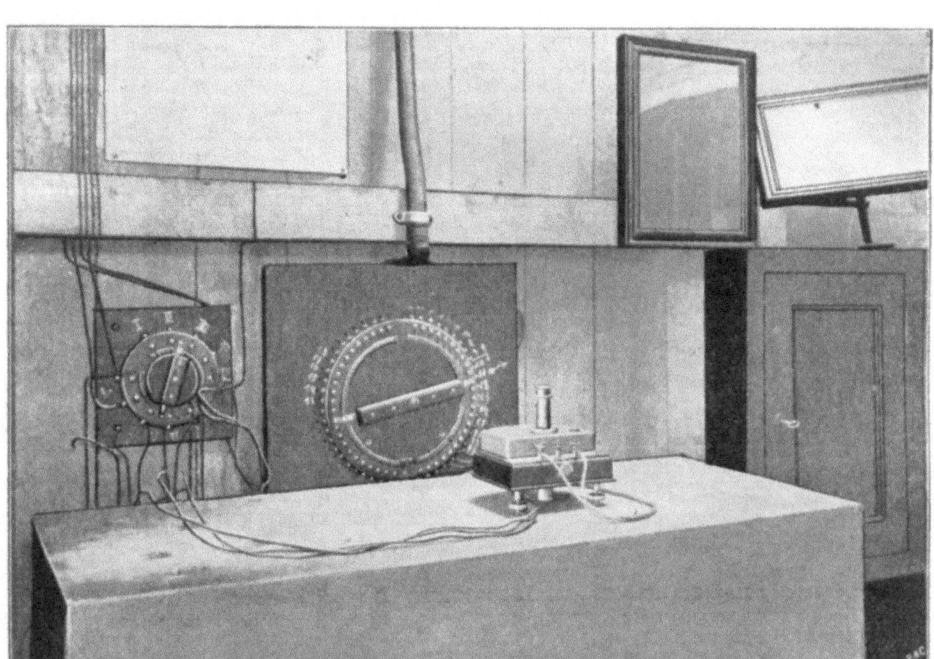

Beobachtung mittels Photometers, die in ähnlicher Weise wie bei den Versuchen erfolgte, welche im Auftrag der Kommission zur Prüfung und Untersuchung von Rauchverbrennungseinrichtungen im Jahre 1893 in Berlin durchgeführt worden sind. (Siehe hierüber den Bericht dieser Kommission, welcher bekanntlich in der Zeitschrift des Vereines Deutscher Ingenieure 1895, S. 184 u. f. eine eingehende Besprechung durch R. Stribeck gefunden hat.)

Das von Franz Schmidt & Haensch in Berlin nach Professor Dr. L. Weber gebaute Photometer, dessen Aufstellung aus den Fig. 7, 8 und 9 ersichtlich ist, wurde derart verwendet, daß mit seiner Hilfe bei Beobachtung der durch den Rauch erfolgenden Verschwächung einer konstanten Lichtquelle an Hand einer durch unmittelbaren Vergleich aufgestellten Skala die Rauchstärken ermittelt werden konnten. In dem Schornsteinsockel wurde, wie Fig. 7 und 8 erkennen lassen, ein ca. 50 mm weites, in der Mitte auf eine gewisse Länge mit einem Schlitz versehenes Rohr eingesetzt und in dessen einem Ende eine unter konstanter Spannung stehende 32kerzige Glühlampe untergebracht. Die konstante Lichtquelle wirft ihr Licht nach dem am andern Ende des Rohres aufgestellten Photometer auf den in dem Kasten g (siehe Fig. 12) befindlichen Schirm aus Mattglas. Im Lampengehäuse L des Photometers befindet sich die Vergleichslampe. Deren Licht fällt auf die im Rohre A befindliche Milchglasscheibe M und geht ebenso wie das senkrecht dazu einfallende von g durch das Rohr B kommende Licht nach einem Lummer-Brodhunschen Prisma. Dieses zerlegt die von beiden Lichtquellen herrührenden Gesichtsfelder in zwei konzentrisch-elliptische Flächen. Die mit einem außen angebrachten Schieber in Verbindung stehende Milchglasscheibe M kann in ihrem Rohre A beliebig verschoben werden, wobei man bei einer Bewegung der Scheibe M von L nach B nacheinander die in Fig. 12 dargestellten Erscheinungen wahrnimmt: einen dunklen Kern in heller Hülle, übergehend durch eine Stelle gleicher Lichtstärke in einen hellen Kern in dunkler Hülle. Zur Bestimmung der Stärke einer Lichtquelle ist die Milchglasscheibe so lange zu verschieben, bis Kern und Hülle gleich hell erscheinen. Bezeichnet alsdann J die Intensität der mit dem Photometer beobachteten Lichtquelle, i diejenige der Vergleichslampe im Photometer, R die Entfernung der ersten Lichtquelle von dem in g befindlichen Schirm und r diejenige der zweiten Lichtquelle von der Milchglasscheibe M, so ist J bestimmt durch:

Fig. 12.

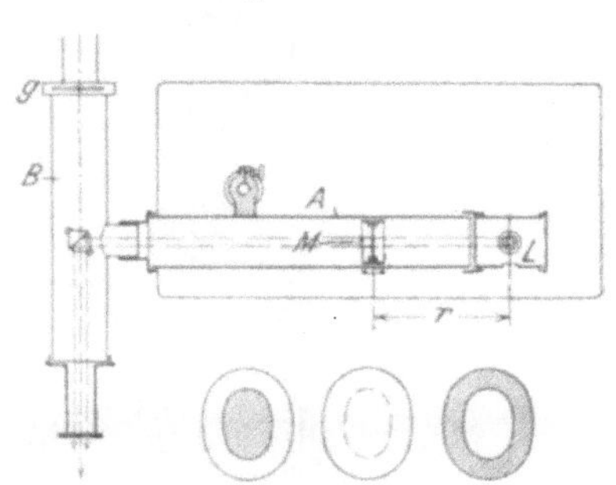

$$J = \frac{R^2}{r^2} \cdot C \cdot i,$$

wobei C eine dem Photometer eigene Konstante bedeutet. Hieraus folgt, daß bei gleichbleibendem R und i zu jeder Intensität J und damit auch zu jeder Rauchstärke ein bestimmtes r gehört. Demzufolge wurde durch Vergleich mit den am Schornsteinkopf in Erscheinung tretenden Rauchstärken, für diese, ausgehend von völliger Rauchlosigkeit, eine fünfstufige Skala aufgestellt, deren einzelne Teile naturgemäß gegen B hin größer werden. Aus der jeweiligen Stellung des Schiebers der Milchglasscheibe M innerhalb dieser Skala konnte alsdann die Rauchstärke direkt entnommen werden.

Fig. 13.

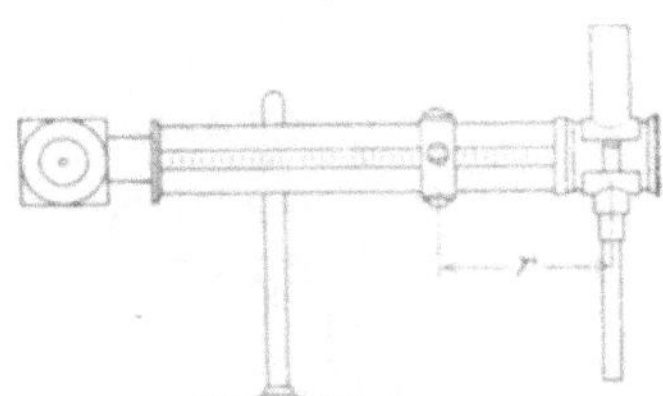

Hierbei unterschied man zwischen:

Rauchstärke 0 = kein Rauch,
" $^1/_2$ = Spur von Rauch,
" 1 = leichter, durchsichtiger Rauch,
" 2 = heller, grauer Rauch,
" 3 = dunkler, grauer Rauch,
" 4 = schwarzer Rauch,
" 5 = dichter, schwarzer Rauch.

Eine Kontrolle für die dauernde Übereinstimmung der festgesetzten Skala hatte man immer dadurch, daß bei eintretender Rauchlosigkeit der Schieber auf den festgelegten Nullpunkt zu stehen kommen mußte.

Dem betreffenden Beobachter war durch eine Spiegelvorrichtung auch der Schornsteinkopf von seinem Beobachtungsposten aus in bequemer Weise sichtbar gemacht.

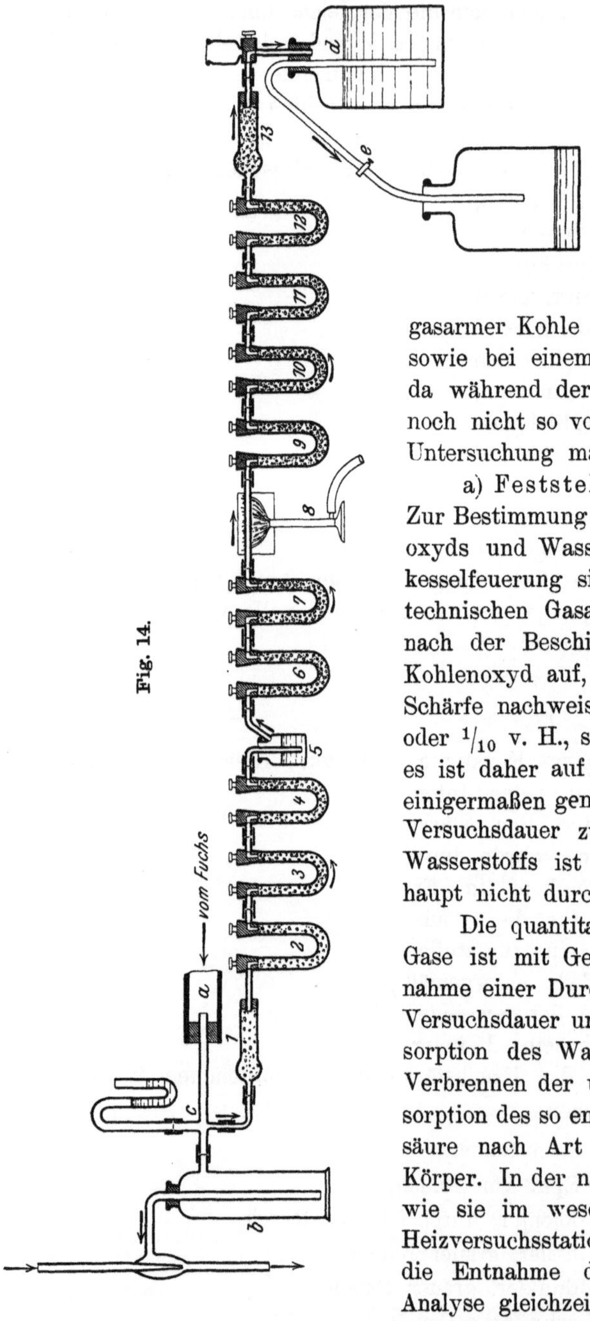

Die seitens eines Angehörigen der Großh. Bad. Chem.-Techn. Prüfungs- und Versuchsanstalt durchgeführte gewichtsanalytische Bestimmung der unverbrannten Bestandteile der Rauchgase (siehe Fußbemerkung S. 9) ist durch nachfolgende Ausführungen obiger Anstalt näher erläutert. Diese Untersuchungen kamen nicht zur Durchführung bei den mit gasarmer Kohle gemachten Versuchen der Gruppe I, sowie bei einem Teil der Versuche von Gruppe II, da während der letzteren die Einrichtungen hierfür noch nicht so vollständig waren, um jeden Tag eine Untersuchung machen zu können.

Fig. 14.

a) Feststellung der unverbrannten Gase: Zur Bestimmung der unverbrannten Gase, des Kohlenoxyds und Wasserstoffs im Rauchgas einer Dampfkesselfeuerung sind die gewöhnlichen Methoden der technischen Gasanalyse unzureichend. Treten kurz nach der Beschickung des Rostes größere Mengen Kohlenoxyd auf, so sind diese wohl mit genügender Schärfe nachweisbar, sinkt aber der Gehalt auf $^2/_{10}$ oder $^1/_{10}$ v. H., so versagt die technische Gasanalyse, es ist daher auf diesem Wege nicht möglich, einen einigermaßen genauen Durchschnittswert für die ganze Versuchsdauer zu erhalten. Eine Bestimmung des Wasserstoffs ist mit der genannten Methode überhaupt nicht durchführbar.

Die quantitative Bestimmung der unverbrannten Gase ist mit Genauigkeit nur möglich durch Entnahme einer Durchschnittsprobe während der ganzen Versuchsdauer und Analysieren derselben durch Absorption des Wasserdampfes und der Kohlensäure, Verbrennen der unverbrannten Bestandteile und Absorption des so entstandenen Wassers und der Kohlensäure nach Art der Elementaranalyse organischer Körper. In der nachstehend beschriebenen Apparatur, wie sie im wesentlichen seinerzeit auch von der Heizversuchsstation München benutzt wurde, wird die Entnahme der Durchschnittsprobe und deren Analyse gleichzeitig vorgenommen.

Durch eine Wasserstrahlpumpe wird bei *a* (vgl. Fig. 14, sowie die photographische Aufnahme Fig. 15) in kräftigem Strome das zu untersuchende Rauchgas abgesaugt, welches dem Fuchs kurz vor dem Schieber entnommen wird. Die Hauptmenge des Rußes wird durch eine leere Waschflasche *b* zurückgehalten. Seitlich wird bei *c* das zur Analyse bestimmte Gas durch eine Reihe von Absorptionsapparaten mittels eines Aspirators *d* abgesaugt, aus welchem durch Heber *e* tropfenweise Wasser in eine Flasche ausfließt, dessen Ausflußgeschwindigkeit durch einen Quetschhahn reguliert wird. Bei *c* ist ein Wassermanometer angebracht,

Fig. 15.

um Verstopfungen gleich kenntlich zu machen. In einem Wattefilter 1 wird das Gas vom Ruß befreit, die Feuchtigkeit wird in einem mit Chlorkalzium gefüllten Rohre 2, die Kohlensäure in zwei Natronkalkröhren 3 und 4 absorbiert. Zur Messung der Geschwindigkeit des Gasstromes dient eine kleine mit Kalilauge 1 : 3 gefüllte Waschflasche 5. Die in letzterer aufgenommene Feuchtigkeit gibt das Gas in einem Chlorkalziumrohre 6 und in einem mit Phosphorpentoxyd gefüllten Rohre 7 wieder ab. Kohlensäurefrei und absolut trocken tritt das Gas in eine außen glasierte Porzellankapillare, in der ein ca. 16 cm langer vierfach zusammengelegter Palladiumdraht liegt. Die Kapillare wird durch einen Breitbrenner auf helle Rotglut erhitzt, die unverbrannten Gase verbrennen zu Wasser und Kohlensäure. Ersteres wird in dem Chlorkalziumrohr 9 und dem Phosphorpentoxydrohr 10 absorbiert, letztere nimmt das Natronkalkrohr 11 auf. Diesem schließt sich noch ein Phosphorpentoxydrohr 12 an, welches die durch das trockene Gas aus dem Natronkalkrohr 11 ausgetriebene Feuchtigkeit wieder absorbiert. Gegen zurücksteigende Feuchtigkeit schützt das Chlorkalziumrohr 13, welches durch einen Trichteraufsatz mit Dreiweghahn mit dem Aspirator in Verbindung steht. Die Absorptionsapparate sind alle mit eingeschliffenen Glashähnen versehen, um die Absorptionsmittel leicht erneuern zu können. Die Phosphorpentoxydröhren sind mit Glasperlen gefüllt, zwischen denen sich das Phosphorpentoxyd befindet. Die Röhren werden zweckmäßig an zwei langen Glasstäben, welche durch Stative gehalten werden, mittels eiserner Haken aufgehängt. Die Verbindung der Apparate untereinander erfolgt durch besten, dicken Gummischlauch, so, daß Glas an Glas stößt.

Vor Beginn des Versuchs werden die Apparate 3—6 und 9—12 auf der chemischen Wage gewogen, dann wird die Apparatur zusammengestellt und der Aspirator *d* ganz mit Wasser gefüllt. Zur Prüfung der Apparate auf dichten Schluß wird der Quetschhahn des Hebers *e* und alle übrigen Glashähne, mit Ausnahme des Hahnes bei 1, geöffnet, nach einiger Zeit muß das Ausfließen des Wassers aufhören. Ist alles dicht, so wird auch der erste Hahn geöffnet und durch Regulieren des Quetschhahnes die Geschwindigkeit des Gasstromes so eingestellt, daß ca. $^3/_4$ l Gas pro Stunde die Apparatur passieren. Die Wasserstrahlpumpe ist schon 10 Minuten vorher angestellt, so daß alle Luft aus dem Zuleitungsrohr entfernt ist. Zu einem genauen Resultate sind mindestens 5—6 l Gas erforderlich. Am Schluß des Versuchs wird der Heber *e* abgestellt; nachdem sich der Druck in den Apparaten ausgeglichen hat, werden alle Glashähne geschlossen und die Verbindungen gelöst. Das ausgeflossene Wasser wird gewogen, Temperatur und Barometerstand gemessen und aus dem Aspirator, in dem sich das nur noch Sauerstoff und Stickstoff enthaltende Restgas befindet, eine Gasprobe entnommen, deren Sauerstoffgehalt bestimmt wird. Die Absorptionsapparate werden alsdann gewogen.

Die gesamte Gewichtszunahme der Apparate 3—6 gibt die Kohlensäure des Rauchgases, die der Apparate 9 und 10 das durch Verbrennung des Wasserstoffs gebildete Wasser und die der Röhren 11 und 12 die aus dem verbrannten Kohlenoxyd herrührende Kohlensäure. Aus dem Gewicht dieser Gase wird ihr Volumen bei 0^0 C und 760 mm Quecksilbersäule berechnet. Die Gleichungen

$$2\,H_2 + O_2 = 2\,H_2O \quad \text{und} \quad 2\,CO + O_2 = 2\,CO_2$$

zeigen, daß das Volumen der Verbrennungsprodukte gleich ist dem Volumen der ursprünglich vorhandenen Gase, Wasserstoff und Kohlenoxyd. Rechnet man noch die in den Natronkalkröhren vor der Kapillare absorbierte Kohlensäure, sowie das Restgas im Aspirator, dessen Volumen man aus dem Gewicht der ausgeflossenen Wassermenge kennt, auf das Normalvolumen (0^0 C und 760 mm Quecksilbersäule) um, so erhält man die Zusammensetzung des Rauchgases, die dann auf Prozente umzurechnen ist. Hierbei ist noch das Volumen des zur Verbrennung benötigten Sauerstoffs hinzuzurechnen, welches dem halben Volumen der unverbrannten Gase entspricht.

Bei dieser Art der Berechnung wird allerdings vorausgesetzt, daß alle Kohlensäure aus Kohlenoxyd und alles Wasser aus Wasserstoff entstanden sei, eine Voraussetzung, die in der Hauptsache zutreffen dürfte.

Für die theoretische Erforschung der Heiztechnik ist die Frage, wie groß die vorhandenen Mengen CH_4 im Verhältnis zu unverbranntem Kohlenoxyd und Wasserstoff in dem einzelnen Falle sich gestalten, von Interesse, und sie ist auch durch fraktionierte Verbrennung näher beleuchtet worden. Für die Aufstellung der Wärmebilanz fällt sie jedoch nicht sehr ins Gewicht.

Es läßt sich nämlich leicht zeigen[1]), daß die Verluste durch unverbrannte Gase ausgedrückt in WE nicht wesentlich voneinander abweichen, gleichgültig, ob Kohlenoxyd (CO) und Wasserstoff (H_2) oder Methan (CH_4) zur Verbrennung gelangen.

$CO + 2H_2$ ergibt bei der Verbrennung die gleichen Gewichte und ebenso die gleichen Volumina $CO_2 + H_2O$ wie ein dem CO gleich großes Volumen CH_4.

Nun beträgt der Heizwert für 1 l:

$$1\,CO + 2H_2 = 3007 + 5160 = 8167 \text{ WE},$$
$$1\,CH_4 = 8572 \text{ WE}.$$

Man würde also bei der Rechnung einen maximalen Fehler von 405 WE = 4,72 v. H. machen, wenn alles Unverbrannte als CH_4 vorhanden wäre, vorausgesetzt ein Rauchgas, welches 100 v. H. Unverbranntes enthält, was jedoch an sich schon eine praktische Unmöglichkeit bedeutet.

Selbst für vorkommende Mengen von 10 v. H. ergäbe dies erst einen Fehler von 0,47 v. H. in der Wärmebilanz.

Da sich aber aus den Analysendaten fast aller Versuche ergibt, daß das Volumverhältnis von $CO : 2H_2$ immer zu ungunsten von H_2 ausfällt, oder anders ausgedrückt, daß viel zu wenig Wasserstoff vorhanden ist, als daß alles Unverbrannte aus CH_2 bestehen könnte, so wird der mögliche Fehler noch viel kleiner ausfallen.

Da der Kohlensäuregehalt der Rauchgase an der gleichen Entnahmestelle noch durch Analysen mit dem Orsat-Apparat in ganz regelmäßigen Zeiträumen von $2^1/_2$ Minuten bestimmt wurde, so hatte man in der Übereinstimmung des Mittelwertes dieser Analysen mit dem gewichtsanalytisch ermittelten Werte eine gute Kontrolle. In der Regel betrug die Abweichung nicht mehr als $\pm\, ^1/_2$ v. H. CO_2. In einigen wenigen Fällen, welche größere Unterschiede zwischen beiden Bestimmungsarten des Kohlensäuregehaltes zeigten, waren Undichtheiten in der Apparatur vorhanden, so daß die Rauchgase durch Luft verdünnt wurden. Die unverbrannten Gase wurden alsdann entsprechend der Differenz der beiden Kohlensäurewerte umgerechnet.

Beispiel:

Versuch VI, 14 vom 28. Juli 1904.

Zunahme der Röhren 3 bis 6 = 2,1162 g CO_2 = 1,0769 l CO_2
„ „ „ 9 und 10 = 0,0182 g H_2O = 0,0182 l H_2
„ „ „ 11 „ 12 = 0,0809 g CO_2 = 0,0412 l CO
Zur Verbrennung verbrauchter Sauerstoff . . . = 0,0297 l O_2

[1]) H. Bunte: Über die Zuverlässigkeit der Rauchgasanalyse. Zeitschrift f. analyt. Chemie 1881, S. 165 und Dr. F. Haber und A. Weber: Untersuchungen über die Verbrennung von Leuchtgas in gekühlten Flammen und Gasmotoren. Journal f. Gasbeleuchtung und Wasserversorgung 1896, S. 99.

Restgas ($O_2 + N_2$) = 6,975 l bei 31° C und 762 mm Quecksilbersäule
Wasserdampftension bei 31° = 34 mm

$$\text{Normalvolumen} = \frac{6{,}975\,(762 - 34)}{760\left(1 + \frac{31}{273}\right)} = 6{,}0000 \text{ l } (O_2 + N_2)$$

Gesamtvolumen 7,1670 l

O_2	Gehalt des Restgases	= 5,00 v. H.
O_2	„ des ursprünglichen Gases . .	= 4,20 „ „
CO_2	„ (gewichtsanalytisch ermittelt) .	= 15,11 „ „
CO_2	„ (Mittelwert der ORSAT-Analysen)	= 15,14 „ „

Wird letzterer Wert zur Berechnung verwendet, so ergibt sich:

CO_2	= 1,0866 l =	15,14 v. H.
CO	= 0,0412 „ =	0,57 „ „
H_2	= 0,0182 „ =	0,25 „ „
O_2	} = 6,0297 „ =	4,20 „ „
N_2		79,84 „ „
		100,00 v. H.

b) Bestimmung des Rußes: Die Bestimmung der festen unverbrannten Bestandteile der Rauchgase, des Rußes, erfolgt durch Filtration eines bestimmten Gasquantums mit Hilfe eines Asbestfilters, in welchem der Ruß zurückbleibt. Als Filter dienen Glasröhren von 23 cm Länge und 8 mm innerem Durchmesser, oben und unten sind dieselben auf 2—3 mm lichte Weite verengt, an die obere Einschnürung schließt sich ein mit Wulst versehener Kopf an (vgl. Fig. 16). Der lange untere Teil ist mit langfaserigem, aufgelockertem Asbest lose gefüllt. Diese Rußfilter werden an dem Wulste an ein mit Überwurfmutter versehenes Gasrohr angeschraubt und mit Asbestschnur gedichtet. Das Gasrohr wird nun durch eine obere Öffnung in den Fuchs eingeführt und durch einen Gummistopfen befestigt, so, daß die untere Öffnung des Filters mindestens 20 cm vom Boden entfernt ist. Das obere Ende des Rohres wird mit einem 40—50 l fassenden Aspirator in Verbindung gesetzt, darauf werden 30 l Rauchgase in 1—1½ Stunden durchgesaugt. Die Anordnung der Apparatur ist aus Fig. 17 ersichtlich. Das Volumen wird durch Wägung des ausgeflossenen Wassers bestimmt und auf das Normalvolumen umgerechnet. Der Ruß bleibt im Filter zurück und wird später im Verbrennungsofen über Kupferoxyd im Sauerstoffstrom verbrannt. Aus der im vorgelegten Kaliapparat aufgefangenen Kohlensäure wird der Kohlenstoff in g pro cbm Rauchgas (0° C und 760 mm Quecksilbersäule) berechnet.

Fig. 17.

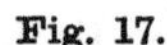

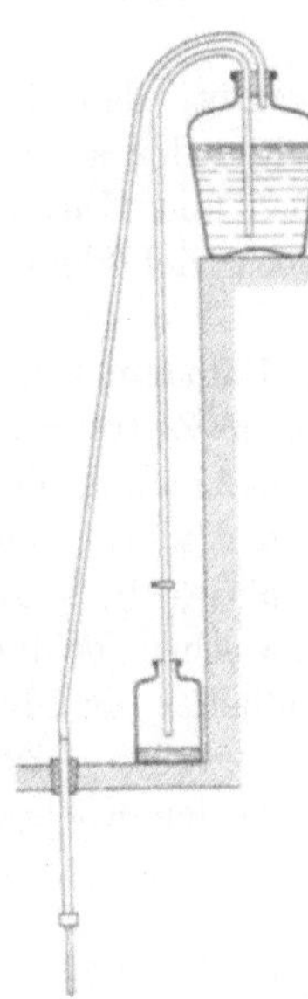

Fig. 16.

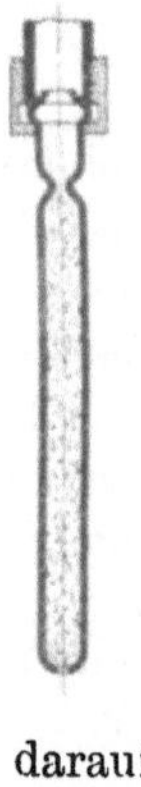

Während der 9 stündigen Versuche wurden je 3 Rußproben entnommen, deren Ergebnisse man zu einem Mittelwert vereinigte.

III. Gang der Versuchsdurchrechnungen.

A. Aufstellung der Wärmebilanzen.

Zur Aufstellung der Wärmebilanzen waren bei jedem Versuch folgende Rechnungen durchzuführen:

1. Bestimmung der im Kessel und Überhitzer nutzbar gemachten Wärme.

Die im Kessel und Überhitzer nutzbar gemachte Wärme ermittelt sich aus der Verdampfungsziffer und der Erzeugungswärme des Dampfes.

Die Erzeugungswärme im Kessel wurde unter Abzug der Flüssigkeitswärme des Speisewassers aus der nach der REGNAULTschen Formel für gesättigten Wasserdampf

$$\lambda = 606{,}5 + 0{,}305\,\mathfrak{t} \tag{1}$$

von ZEUNER aufgestellten Tabelle entnommen.

Die Berechnung der dem Dampf im Überhitzer zugeführten Wärme erfolgte auf Grund der von LORENZ für die spezifische Wärme des überhitzten Wasserdampfes angegebenen Formel[1])

$$c_p = 0{,}43 + 3600000\,\frac{p}{T^3}\,. \tag{2}$$

Aus diesem nur für den bestimmten Zustandspunkt pT geltenden Wert ergibt sich durch Integration die mittlere spez. Wärme zwischen der absoluten Sättigungstemperatur $\mathfrak{T} = 273 + \mathfrak{t}$ und der absoluten Dampftemperatur $T = 273 + t$ zu

$$c_m = 0{,}43 + 1800000\,p\,\frac{T + \mathfrak{T}}{T^2 \cdot \mathfrak{T}^2} \tag{3}$$

und die dem Dampf im Überhitzer zugeführte Wärme zu

$$u = c_m\,(t - \mathfrak{t})\,. \tag{4}$$

Bei dieser Berechnungsweise ist vorausgesetzt, daß der Dampf trocken gesättigt vom Kessel kommt, was in Wirklichkeit nicht ganz zutreffend sein wird, so daß die Verteilung auf Kessel und Überhitzer tatsächlich etwas anders ist. Die zur Dampferzeugung im Kessel aufgewendete Wärme wird etwas zu groß, die im Überhitzer um denselben Betrag zu klein erhalten werden. Auf die gesamte Erzeugungswärme ist dies jedoch ohne Einfluß.

In Fig. 18 ist für einen Überdruck von 8 Atm. abs., der bei den Versuchen dauernd eingehalten wurde, sowohl der Verlauf der spez. Wärme als auch der Überhitzungswärme von der Sättigungstemperatur bis zu einer Dampftemperatur von 400° C aufgetragen. Um die Abweichung gegenüber dem für die

[1]) Siehe H. LORENZ: Neuere Versuche über die spezifische Wärme des überhitzten Wasserdampfes, Zeitschrift des Vereines Deutscher Ingenieure 1904, S. 1189.

spez. Wärme bisher üblichen Wert 0,48 zu kennzeichnen, ist der hierfür geltende Verlauf der Überhitzungswärme strichpunktiert mit eingezeichnet. Man ersieht hieraus, daß für die Ausnutzungsziffern mit den LORENZschen Werten höhere Zahlen erhalten wurden, als sie sich bei Annahme einer konstanten spez. Wärme von 0,48 ergeben hätten.

2. Bestimmung der Wärmeverluste.

a) Der Verlust in den Rückständen.

Ist K die bei dem Versuch insgesamt verfeuerte Kohlenmenge in kg, R das für die gleiche Zeit ermittelte Gewicht an Rückständen in kg und v der aus einer Durchschnittsprobe der letzteren ermittelte Gehalt an Verbrennlichem (Kohlenstoff) in v. H., so ermittelt sich für 1 kg Kohle der Verlust an Kohlenstoff in v. H. zu

$$c_1 = v \cdot \frac{R}{K} \tag{5}$$

und die in den Rückständen verloren gehende Wärmemenge in WE zu

$$W_1 = \frac{v}{100} \cdot \frac{R}{K} \, 8100 . \tag{6}$$

Für die Ermittlung der Gesamtmenge an Rückständen wurde besonders darauf geachtet, daß das letzte Abschlacken immer zu gleichen Zeiten vor Beginn und vor Schluß des Versuches erfolgte und der Zustand der Feuer bzw. die Höhe der Brennschicht bei Versuchsanfang und -ende genau gleich waren. Der Aschenraum war zu beiden Zeiten leer. Die Durchschnittsprobe wurde aus der ganzen Rückständemenge, ohne daß letztere mit Wasser gelöscht worden wäre, nach erfolgter Abkühlung in üblicher Weise entnommen. (Siehe auch S. 10 u. 12.)

b) Der Abwärmeverlust.

Für dessen Berechnung ist aus der Zusammensetzung der Abgase am Kesselende und derjenigen der Kohle zunächst das am Kesselende pro kg Kohle vorhandene Volumen trockener Gase V_g und das Wasserdampfgewicht G_w ausgemittelt.

Die durchschnittliche Zusammensetzung der trockenen Abgase sowie deren Rußgehalt wurde in der auf S. 8, 14 u. f. beschriebenen Weise bestimmt. Dabei habe sich pro 1 cbm Gas gefunden:

	k_1	v. H.	Kohlensäure
	k_2	„ „	Kohlenoxyd
	h	„ „	Wasserstoff
	o	„ „	Sauerstoff
	n	„ „	Stickstoff
sowie	r	Gramm	Ruß.

Die Kohle enthalte

	C	v. H.	Kohlenstoff
	H	„ „	Wasserstoff
	$O + N$	„ „	Sauerstoff + Stickstoff
	S	„ „	Schwefel
	A	„ „	Asche
und	W	„ „	Wasser.

Ferner bezeichne

c_1 den Verlust an Kohlenstoff in den Rückständen in v. H. pro kg Kohle,
c_2 den entsprechenden Verlust in den unverbrannten Gasen und
c_3 denjenigen im Ruß.

Fig. 18.
Mittlere spezifische Wärme des überhitzten Wasserdampfes und Überhitzungswärme für 8 Atm. abs. nach LORENZ.

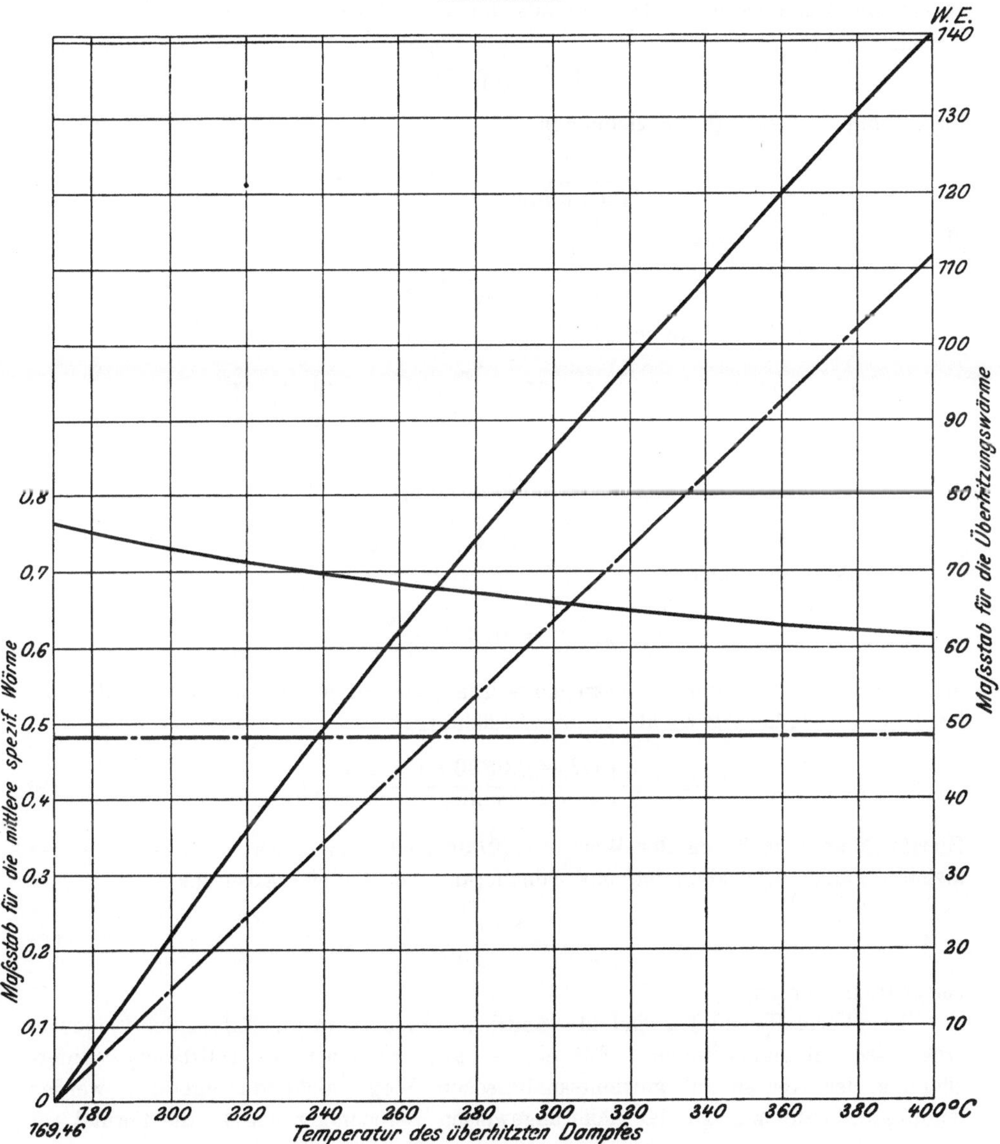

Da bei Verbrennung von 1 kg Kohlenstoff in reinem Sauerstoff $\frac{1}{0,536}$ cbm Kohlensäure (bezogen auf 0^0 und 760 mm Quecksilbersäule) entstehen, so gilt alsdann, wie vom Berichterstatter auch in der Zeitschrift des Vereines Deutscher Ingenieure 1905, Fußbemerkung S. 26 entwickelt wurde, für das aus 1 kg Kohle sich bildende Volumen trockener Gase V_g in cbm am Kesselende die Gleichung:

$$\frac{(C - c_1 - c_2 - c_3) \cdot \frac{1}{100}}{0{,}536} : V_g = k_1 : 100$$

oder

$$V_g = \frac{C - c_1 - c_2 - c_3}{0{,}536\, k_1} \,. \tag{7}$$

In diesem Ausdruck ist c_1 bekannt aus der Formel (5)

$$c_1 = \frac{v}{100} \cdot \frac{R}{K}\,;$$

für c_2 und c_3 gelten die Beziehungen

$$\frac{c_2}{100 \cdot 0{,}536} = \frac{k_2}{100} \cdot V_g$$

und

$$\frac{c_3}{100} = \frac{r}{1000} \cdot V_g \,.$$

Letztere beiden Ausdrücke in Gleichung (7) eingesetzt, geben

$$C - c_1 - 0{,}536\, k_2 \cdot V_g - \frac{r}{10} \cdot V_g = 0{,}536\, k_1 \cdot V_g$$

oder

$$V_g = \frac{C - c_1}{0{,}536\,(k_1 + k_2) + \frac{r}{10}} \,. \tag{8}$$

Da pro 1 kg Kohle

$$\frac{h}{100} V_g \text{ cbm} = 0{,}0896 \frac{h}{100} V_g \text{ kg}$$

Wasserstoff der Verbrennung entzogen werden, so gilt für das am Kesselende vorhandene Wasserdampfgewicht G_w die Beziehung:

$$G_w = \frac{9 \cdot (H - 0{,}0896\, h\, V_g) + W}{100} \text{ kg.} \tag{9}$$

Hierfür könnte auch, da der Wert $9 \cdot 0{,}0896\, h \cdot V_g$ gegenüber $9 \cdot H + W$ in den meisten Fällen sehr klein ist, mit Annäherung der übliche Ausdruck

$$G_w = \frac{9 \cdot H + W}{100} \tag{10}$$

beibehalten werden.

Die Werte V_g und G_w sind für sämtliche Versuche in die Tafeln der Versuchsergebnisse mit aufgenommen. Für einige Fälle, in denen die vollständige Untersuchung der Abgase auf gewichtsanalytischem Wege nicht durchgeführt werden konnte, benutzte man zu der näherungsweisen Berechnung von V_g die Formel

$$V_g = \frac{C - c_1}{0{,}536\, k_1} \,, \tag{11}$$

die jedoch bei stark unvollkommener Verbrennung zu hohe Werte liefert. Aus V_g und G_w ergibt sich die in den Abgasen verloren gehende freie Wärme oder kurz der Abwärmeverlust in WE pro kg Kohle zu

$$W_2 = [(c_p)_g \cdot V_g + (c_p)_w \cdot G_w]\,(T - t)\,, \tag{12}$$

Zahlentafel 1—2.

Kohlenuntersuchungen „Schürbank-Charlottenburg“, „Westhartley-Main“.

Additional material from *Feuerungsuntersuchungen des Vereins für Feuerungsbetrieb und Rauchbekämpfung in Hamburg, durchgeführt unter der Leitung des Vereinsoberingenieur und Berichterstatters,*
ISBN 978-3-642-89790-0 (978-3-642-89790-0_OSFO1),
is available at http://extras.springer.com

Zahlentafel 3—4.

Kohlenuntersuchungen „Rhein-Elbe und Alma“,
„New-Pelton-Main“.

Additional material from *Feuerungsuntersuchungen des Vereins für Feuerungsbetrieb und Rauchbekämpfung in Hamburg, durchgeführt unter der Leitung des Vereinsoberingenieur und Berichterstatters,*
ISBN 978-3-642-89790-0 (978-3-642-89790-0_OSFO2),
is available at http://extras.springer.com

worin T die Temperatur der Abgabe am Kesselende, t diejenige der Verbrennungsluft bezeichnet. Die spez. Wärme $(c_p)_w$ von 1 kg Wasserdampf wurde hier mit 0,48 eingesetzt, während die spez. Wärme $(c_p)_g$ pro 1 cbm Abgas, welche sich sowohl mit dem Kohlensäuregehalt als auch mit der Temperatur der Abgabe ändert, aus den von Mallard und Le Chatelier angegebenen Formeln berechnet wurde. Nach diesen gilt für Kohlensäure:

$$c_p = 0{,}3705 + 0{,}000268\,T - 0{,}0000000526\,T^2,$$

für Stickstoff, Sauerstoff und Kohlenoxyd:

$$c_p = 0{,}3035 + 0{,}0000268\,T.$$

Für beide Werte wurden Tabellen aufgestellt und aus ihnen die dem jeweiligen Kohlensäurgehalt entsprechende Zahl entnommen.

c) und d) Der Verlust durch unverbrannte Gase und durch Ruß.

Da der Heizwert sowohl von 1 cbm Kohlenoxyd als auch von 1 cbm Wasserstoff zu rund 3000 WE angenommen werden kann, so bestimmt sich der durch unverbrannte Gase pro 1 kg Kohle eintretende Wärmeverlust zu

$$W_3 = \frac{k_2 + h}{100} \cdot V_g \cdot 3000 \text{ WE}. \tag{13}$$

Ebenso ist, da der Heizwert von 1 g Ruß zu 8,1 WE gesetzt werden kann, der Verlust durch Ruß

$$W_4 = r \cdot V_g \cdot 8{,}1 \text{ WE}. \tag{14}$$

e) Der Verlust durch Leitung oder Strahlung.

Dieser ergibt sich als Rest an nicht nachgewiesener Wärme, wenn man die Summe aus der nutzbar gemachten Wärme und den in vorstehender Weise ermittelten Wärmeverlusten vom Heizwert der Kohle abzieht. Durch Vergleich mit dem letzteren erhält man ferner die verschiedenen Posten der Wärmebilanz in v. H. der gesamten aufgewendeten Wärme. Zu dem Verlust durch Leitung und Strahlung ist noch zu bemerken, daß in diesem Wert zufolge der Art seiner Ermittlung natürlich auch alle etwaigen Beobachtungs- und Berechnungsfehler zum Ausdruck kommen müssen[1]), worauf bezüglich des letzteren Punktes insbesondere deshalb hinzuweisen ist, weil in der Abwärmeverlustberechnung namentlich dann ein gewisser Fehler liegen kann, wenn im Falle stark unvollkommener Verbrennung die mittlere Zusammensetzung der Gase nicht vollständig bekannt ist. (Siehe im übrigen hierzu auch F. Haier, Zeitschrift des Vereines Deutscher Ingenieure 1905, Fußbemerkung zu S. 24.) Auf die Fehlergrenzen bei Ermittlung des Verlustes durch unvollkommene Verbrennung ist schon auf S. 17 hingewiesen. Eine weitere Fehlerquelle für die als Verlust durch Leitung und Strahlung verbleibende Wärmemenge kann namentlich auch in der Heizwertermittlung liegen, insofern als, wie ebenfalls schon in der Zeitschrift des Vereines Deutscher Ingenieure 1905, Fußbemerkung S. 84 u. f. näher erläutert, der aus der üblichen Durchschnittsprobe

[1]) Nicht ohne Einfluß auf die als Rest an nicht nachgewiesener Wärme verbleibende Ziffer ist natürlich auch der für die spez. Wärme des überhitzten Wasserdampfes gewählte Wert. Dieser Rest ergibt sich mit den Lorenzschen Werten kleiner, als er unter Annahme der bisher gebräuchlichen Zahl 0,48 erhalten wurde, und zwar um denselben Betrag als die Ausnutzung größer wird (siehe S. 19).

Untersuchungsergebnisse der bei

Zahlentafel 5.

Englische Gasnußkohle

Versuchsnummer	VII, 1	VII, 2	VII, 3	VII, 4	VII, 6	VII, 7	VII, 8
Datum des Versuches	18. 10. 04	19. 10. 04	20. 10. 04	21. 10. 04	24. 10. 04	25. 10. 04	26. 10. 04
Kohlenstoff . . . . v. H.	79,76	77,21	78,59	78,53	78,09	77,71	78,40
Wasserstoff . . . . „ „	5,04	5,00	5,05	5,13	4,87	4,90	4,87
Sauerstoff und Stickstoff . . „ „	7,71	7,52	7,75	7,75	7,79	6,89	7,36
Schwefel . . . . „ „	1,11	1,35	1,32	1,19	1,24	1,24	1,24
Asche . . . . „ „	4,63	7,22	5,60	5,76	5,74	7,26	6,16
Wasser . . . . „ „	1,75	1,70	1,69	1,64	2,27	2,00	1,97
Flüchtige Bestandteile . . . „ „	27,86	27,51	28,78	28,21	29,05	29,72	29,27
Fester Kohlenstoff . . . . „ „	65,76	63,57	63,93	64,39	62,94	61,02	62,60
Heizwert der Probe . . . WE	7663	7436	7559	7569	7530	7410	7510
Heizwert d. brennb. Substanz WE	8196	8175	8164	8184	8200	8179	8187
Aschegehalt aus dem Versuch ermittelt . . . . v. H.	4,39	5,24	4,96	5,56	5,28	5,07	5,44
Hierauf umgerechn. Heizwert WE	7682	7597	7611	7585	7567	7589	7569

auch bei sorgfältigster Entnahme derselben erhaltene Aschegehalt von dem tatsächlichen mittleren Aschegehalt für den Versuch merklich abweichen kann.

In den Zahlentafeln 1—5 sind die Untersuchungsbefunde der bei sämtlichen Versuchen entnommenen Kohlenproben aufgeführt. Aus diesen Zusammenstellungen, welche sich für jede Kohle auf Lieferungen beziehen, die sich über einen Zeitraum von ca. 5 Monaten erstrecken, erhellt insbesondere die geringe Schwankung im Heizwert der brennbaren Substanz der einzelnen Sorten im Gegensatz zu den starken Schwankungen des Asche- und Wassergehaltes und damit derjenigen des Heizwertes der Proben selbst. Unter diesen Umständen erschien es gegeben unter Berücksichtigung der schon an vorstehend genannter Stelle gemachten Ausführungen, wenigstens für die Versuche mit Gaskohlen, durch Umrechnung der einzelnen Heizwerte auf den aus dem ganzen Versuch ermittelten Aschengehalt und Aufstellung einer hierauf bezüglichen zweiten Bilanz, wie sie in den Zusammenstellungstafeln der Versuchsergebnisse jeweils aufgeführt und auch den graphischen Darstellungen zugrunde gelegt ist, einen besseren Vergleich der einzelnen Versuche unter sich herbeiführen zu können. Wie aus den Zahlentafeln 2—5 ersichtlich, weisen auch bei diesen Kohlen die umgerechneten Heizwerte tatsächlich fast durchweg erheblich kleinere Schwankungen auf, während dies bei den gasarmen Kohlen in Zahlentafel 1 in geringerem Maße der Fall ist, was daher rühren dürfte, daß

den Versuchen verheizten Kohlen.

„Silksworth“. | Westfälische Fettnußkohle Zeche „Holland“.

VII, 9	VII, 11	VII, 13	VII, 14	VII, 15	Grenzwerte	Mittel	Abweichungen vom Mittel in v. H.		VII, 20	VII, 21
27.10.03	29.10.04	1.11.04	2.11.04	3.11.04					11.11.54	12.11.04
75,90	79,43	77,43	80,20	79,36	75,90 ÷ 80,20				80,65	80,66
4,76	4,88	4,97	5,13	5,07	4,76 ÷ 5,13				4,39	4,41
7,40	7,90	7,42	7,39	7,08	6,89 ÷ 7,90				4,42	4,72
1,24	1,24	1,26	0,91	1,24	0,91 ÷ 1,35				1,01	0,96
8,75	4,54	6,81	4,30	5,57	4,30 ÷ 8,75				5,47	5,98
1,95	2,01	2,11	2,07	1,68	1,64 ÷ 2,27				4,06	3,27
28,93	30,30	28,08	27,99	28,18	27,51 ÷ 30,30				17,42	17,56
60,37	63,15	63,00	65,64	64,57	60,37 ÷ 65,76				73,05	73,19
7280	7640	7503	7692	7645	7280 ÷ 7692	7536	+ 2,07	— 3,39	7624	7626
8165	8188	8252	8229	8253	8164 ÷ 8253	8198	+ 0,67	— 0,41	8454	8425
4,92	5,10	5,57	5,07	5,23	4,39 ÷ 5,57				5,40	5,53
7592	7594	7606	7629	7673	7567 ÷ 7682	7608	+ 0,97	— 0,54	7630	7664

hierbei immer gewaschene Nuß- bzw. Stückkohle in Verwendung war. Für diese Versuche wurde deshalb die Aufstellung einer zweiten Wärmebilanz unterlassen.

Bezeichnet man mit a den Reinaschegehalt der Rückständeprobe i. v. H., so berechnet sich hieraus der aus dem Versuch für die Kohle ermittelte Reinaschegehalt A_1 in v. H. pro kg Kohle mit den unter **2** a) gewählten Bezeichnungen zu

$$A_1 = a \frac{R}{K} . \qquad (15)$$

Der Heizwert der brennbaren Substanz Q_b bestimmt sich aus dem Heizwert Q der einzelnen Kohlenproben mit den Bezeichnungen unter **2** b) nach der Gleichung:

$$\frac{100 - A - W}{100} Q_b - \frac{W}{100} \cdot 600 = Q \qquad (16)$$

und hieraus ergibt sich der auf den Aschegehalt A_1 umgerechnete Heizwert Q_1 zu

$$Q_1 = \frac{100 - A_1 - W}{100} \cdot Q_b - \frac{W}{100} \cdot 600 . \qquad (17)$$

Für die erwähnten zweiten Wärmebilanzen mußte auch der Kohlenstoff- und Wasserstoffgehalt der einzelnen Kohlenproben umgerechnet und hiernach der Abwärmeverlust und der Verlust durch unvollkommene Verbrennung berichtigt werden.

B. Bestimmung des mittleren Luftüberschußkoeffizienten am Kesselende und Flammrohrende.

Die Bestimmung des Luftüberschußkoeffizienten erfolgte zunächst für das Kesselende in der Weise, daß das durchschnittliche Gesamtgewicht der Verbrennungsprodukte pro kg Kohle an dieser Stelle ausgemittelt und hieraus das pro kg Kohle verbrauchte Luftgewicht berechnet wurde. Durch Vergleich dieses Luftgewichtes mit dem entsprechend der Zusammensetzung der Kohle zu vollkommener Verbrennung theoretisch erforderlichen Bedarf ergibt sich der Luftüberschußkoeffizient. Mit den unter A 2b) für die Zusammensetzung der Abgase aufgestellten Bezeichnungen berechnet sich das spez. Gewicht des trockenen Gasgemisches am Kesselende zu

$$s = 1{,}293\,(1{,}5291\,k_1 + 0{,}9673\,k_2 + 0{,}0693\,h + 1{,}1056\,o + 0{,}9714\,n) \quad (18)$$

und damit das Gesamtgewicht G der Verbrennungsprodukte am Kesselende, welches gleich ist der Summe aus dem Gewicht trockener Gase, dem Wasserdampfgewicht und dem Rußgewicht, zu

$$G = V_g \cdot \left(s + \frac{r}{1000}\right) + \frac{9\,H + W}{100} \quad (19)$$

oder, da $\frac{r}{1000}$ gegenüber s vernachlässigt werden kann, zu

$$G = V_g \cdot s + \frac{9\,H + W}{100}\,. \quad (20)$$

Das pro kg Kohle verbrauchte Luftgewicht ist ferner unter Berücksichtigung der nicht in die Verbrennung eingetretenen Rückstände

$$G_l = G \cdot \left(1 - \frac{R}{K}\right), \quad (21)$$

während sich der zu vollkommener Verbrennung erforderliche Mindestbedarf an Luft aus der Zusammensetzung der Kohle unter Abzug des Rückständeverlustes berechnet zu

$$G_l' = 11{,}494\,(C - c_1) + 34{,}48\,H - 4{,}31\,(O - S)\,. \quad (22)$$

Damit ergibt sich der Luftüberschußkoeffizient am Kesselende zu

$$\varphi = \frac{G_l}{G_l'}\,. \quad (23)$$

Für das Flammrohrende wurde, wie in Abschnitt II angegeben, nur der durchschnittliche Kohlensäure- und Sauerstoffgehalt mittels des Orsat-Apparates bestimmt. Da die Verbrennung hier als beendigt angesehen werden darf, so tritt eine Änderung in der Zusammensetzung der Gase bis zum Kesselende nur noch infolge des Nachsaugens von Luft in die Heizkanäle ein. Bezeichnet

V_g' das Volumen trockener Gase in cbm am Flammrohrende, ferner
k_1' den Gehalt an Kohlensäure in v. H.
k_2' „ „ „ Kohlenoxyd „ „ „
h' „ „ „ Wasserstoff „ „ „
o' „ „ „ Sauerstoff „ „ „ und
n' „ „ „ Stickstoff „ „ „

so gelten die Beziehungen:

$$k_1' \cdot V_g' = k_1 \cdot V_g$$

oder

$$V_g' = \frac{k_1}{k_1'} \cdot V_g\,, \tag{24}$$

ferner

$$k_2' \cdot V_g' = k_2 \cdot V_g$$

oder

$$k_2' = k_2 \cdot \frac{k_1'}{k_1} \tag{25}$$

und ebenso

$$h' = h \cdot \frac{k_1'}{k_1}\,, \tag{26}$$

so daß als Stickstoffgehalt verbleibt

$$n - 100 - (k_1' + k_2' + h' + o')\,. \tag{27}$$

Für den Luftüberschußkoeffizienten am Flammrohrende ergibt sich, da die Differenz $V_g - V_g'$ der pro kg Kohle nachgesaugten Luftmenge entspricht und das spezifische Gewicht der Luft $= 1{,}293$ zu setzen ist, die Beziehung

$$\varphi' = \varphi - \frac{V_g - V_g' \cdot 1{,}293}{G_l'}\,. \tag{28}$$

Für die Fälle, in denen eine vollständige gewichtsanalytische Untersuchung der Abgase nicht zur Durchführung kam, benutzte man zur annähernden Bestimmung des Luftüberschusses die Formel

$$\varphi = \frac{21}{21 - 79\,\frac{o}{n}}\,, \quad \text{bzw.} \quad \varphi' = \frac{21}{21 - 79\,\frac{o'}{n'}}\,. \tag{29}$$

Dabei wurde der nur für das Flammrohrende ermittelte Sauerstoffgehalt auf das Kesselende umgerechnet aus der Beziehung

$$o \cdot V_g = o' \cdot V_g' + (V_g - V_g') \cdot 21{,}33$$

oder

$$o = o' \frac{k_1}{k_1'} + \left(1 - \frac{k_1}{k_1'}\right) \cdot 21{,}33 \tag{30}$$

und als Stickstoffgehalt der Wert

$$100 - (k_1' + o') \quad \text{bzw.} \quad 100 - (k_1 + o)$$

eingesetzt. Die bei einigen Versuchen so erhaltenen Zahlen geben den Luftüberschuß naturgemäß zu groß an, und zwar um so mehr, je unvollkommener die Verbrennung war.

IV. Ergebnisse der Versuche mit gasarmer Kohle (Westfälische Magerkohle).

Größe des Wärmeverlustes durch Leitung und Strahlung des Versuchskessels. Wärmeverteilung im Kessel und Überhitzer.

Diese zur Hauptsache in Gruppe I durchgeführten Versuche hatten, wie auf Seite 4 näher erläutert, den Zweck, über die Größe des Verlustes durch Leitung und Strahlung Aufschluß zu geben. Sie wurden, da die Wärmeverteilungsverhältnisse bei einer bestimmten Kesselanlage zur Hauptsache abhängig sind von der Kesselbelastung und dem Luftüberschuß bei der Verbrennung, sowohl bei verschiedener Anstrengung als auch bei verschieden starker Luftzufuhr vorgenommen und zwar kamen zunächst zwei Hauptversuchsreihen unter Verwendung von je gleichem Luftüberschuß bei jeder Belastungsstufe zur Durchführung. Die Ergebnisse sind in den Zahlentafeln 6 und 7 enthalten. Bei den einzelnen Versuchen der Versuchsreihe in Zahlentafel 6 schwankte der Luftüberschuß am Flammenrohrende zwischen ca. 45 und 75 v. H., am Kesselende zwischen ca. 65 und 85 v. H., während bei der Versuchsreihe in Zahlentafel 7 die diesbezüglichen Werte 90 ÷ 110 v. H. bzw. 120 ÷ 140 v. H. waren. Diese Gleichmäßigkeit des Luftüberschusses für die einzelnen Versuchsreihen wurden durch entsprechende Einstellung des Zugschiebers unter gleichzeitiger Regelung mit der Rostbedeckung erreicht, wobei man erstere während des einzelnen Versuches nur wenig veränderte. Man war dabei besonders bestrebt, unvollkommene Verbrennung nach Möglichkeit zu vermeiden, was sich bei der gasarmen Kohle verhältnismäßig leicht erreichen ließ. Es war dies auch der Grund, weshalb bei der Versuchsreihe Zahlentafel 6 nicht noch kleinerer Luftüberschuß zur Verwendung kam, da sonst unvollkommene Verbrennung mit bedeutend weniger Sicherheit sich hätte vermeiden lassen (siehe z. B. Versuch VI, 14, Zahlenafel 8). Während für alle unter Gruppe I durchgeführten Versuche, wie schon auf Seite 14 erwähnt, die dort beschriebene vollständige gewichtsanalytische Untersuchung der Abgase noch nicht in Anwendung kam, wurde sie bei den späteren hierher gehörigen in Gruppe VI und VII vorgenommenen Ergänzungsversuchen durchgeführt. Doch konnte bei Gruppe I schon aus den Analysen mit dem Orsat geschlossen werden, daß Kohlenoxyd nur in sehr geringen Spuren auftrat, was auch durch die Ergänzungsversuche unter VI und VII, welche bei gleichen Verbrennungsbedingungen zur Durchführung kamen, bestätigt wurde.

Die Belastungsstufen betrugen 6, 12, 18, 24 und 30 kg Wasserverdampfung auf 1 qm Kesselheizfläche in der Stunde. Bei der zweiten Versuchsreihe mit

Zahlentafel 6.

Versuche mit Magerkohle, 75 v. H. Luftüberschuß, verschiedene Belastung.

Additional material from *Feuerungsuntersuchungen des Vereins für Feuerungsbetrieb und Rauchbekämpfung in Hamburg, durchgeführt unter der Leitung des Vereinsoberingenieur und Berichterstatters,*
ISBN 978-3-642-89790-0 (978-3-642-89790-0_OSFO3),
is available at http://extras.springer.com

Zahlentafel 7.

Versuche mit Magerkohle, 125 v. H. Luftüberschuß,
verschiedene Belastung.

Additional material from *Feuerungsuntersuchungen des Vereins für Feuerungsbetrieb und Rauchbekämpfung in Hamburg, durchgeführt unter der Leitung des Vereinsoberingenieur und Berichterstatters,*
ISBN 978-3-642-89790-0 (978-3-642-89790-0_OSFO4),
is available at http://extras.springer.com

Zahlentafel 9.

Versuche mit Magerkohle, 24 kg Belastung,
verschiedener Luftüberschuß.

Additional material from *Feuerungsuntersuchungen des Vereins für Feuerungsbetrieb und Rauchbekämpfung in Hamburg, durchgeführt unter der Leitung des Vereinsoberingenieur und Berichterstatters,*
ISBN 978-3-642-89790-0 (978-3-642-89790-0_OSFO5),
is available at http://extras.springer.com

Zahlentafel 10.

Verschiedene Versuche mit Magerkohle.

Additional material from *Feuerungsuntersuchungen des Vereins für Feuerungsbetrieb und Rauchbekämpfung in Hamburg, durchgeführt unter der Leitung des Vereinsoberingenieur und Berichterstatters,*
ISBN 978-3-642-89790-0 (978-3-642-89790-0_OSFO6),
is available at http://extras.springer.com

dem höheren Luftüberschuß war jedoch die letzte Belastungsstufe nicht mehr zu erreichen, da der durch den Schornstein erzielbare Unterdruck für die Zufuhr der erforderlichen großen Luftmenge nicht genügte.

Die Zahlentafel 8 und 9 beziehen sich auf Versuche, bei welchen das stündliche vom Kessel gelieferte Dampfgewicht gleich blieb, bei denen jedoch der Luftüberschuß, der für die Verbrennung in Anwendung kam, verschieden hoch war.

Zahlentafel 10 enthält endlich noch die Ergebnisse einiger Versuche, die für die Zwecke der Zahlentafeln 6—9 nicht verwertet wurden, wohl aber sonst einiges Interesse bieten. So konnte z. B. bei den Versuchen I, 7 und I, 8 mit der gasarmen Kohle trotz der kleinen Rostfläche von 2,12 qm doch noch ca. 30 kg Wasser auf 1 qm Kesselheizfläche in der Stunde verdampft werden, wobei sich eine Rostanstrengung von ca. 145 kg Kohle pro qm und Stunde einstellte. Um diese für die Magerkohle sehr hohe Leistung erzielen zu können, mußte mit geringerem Luftüberschuß entspr. ca. 12 v. H. Kohlensäure am Kesselende gearbeitet werden, wobei sich noch eine Ausnutzung von im Mittel 72,3 v. H. ergab. Die Dampftemperatur betrug ca. 350 °C. Bei Versuch I, 16 sollte dieselbe Dampfmenge mit Hilfe eines größeren Rostes aber bei einem Luftüberschuß von ca. 130 v. H. erzeugt werden, wie er bei den Versuchen der Zahlentafel 7 in Anwendung war. Trotz Verwendung des vollen Schornsteinzuges gelang es indessen nicht, letzteres zu erreichen, da der Schornstein hierbei an der Grenze seiner Leistungsfähigkeit angelangt war. Um obige große Wassermenge zu verdampfen, mußte der Rost noch derartig gleichmäßig bedeckt gehalten werden, daß trotz vollständig geöffnetem Zugschieber mit dem Kohlensäuregehalt am Kesselende im Mittel nicht unter 9,9 v. H. gegangen werden konnte, entsprechend einem Luftüberschuß von ca. 63 v. H. am Flammrohrende und von ca. 89 v. H. am Kesselende. Bei den Versuchen VII, 18 und VII, 19 wurde dasselbe nochmals gemacht, doch war es im ersten Fall bei 9,1 v. H. Kohlensäure am Kesselende und 78 bzw. ca. 107 v. H. Luftüberschuß nur möglich 25,7 kg Wasser pro 1 qm Heizfläche und Stunde zu verdampfen, während man im zweiten Fall bei 8,3 v. H. Kohlensäure und 92 bzw. 125 v. H. Luftüberschuß auf 24 kg Wasserverdampfung kam. In beiden Fällen mußte unregelmäßig gespeist werden, weshalb die Ergebnisse dieser Versuche nicht weiter verwendet sind. Die auf Zahlentafel 10 noch angefügten Versuche VII, 5 und VII, 10 wurden mit mechanischer Beschickung durchgeführt. Dabei erwies sich aber die Nußkohle hinsichtlich der Schlackenbildung ungünstiger als die bei der Versuchsgruppe I verwendete Kohle gleicher Herkunft. Bei einem Kohlensäuregehalt von 10 v. H. am Kesselende konnte mit dem kleinen Rost im Maximum nur 21 kg Wasser pro qm Heizfläche und Stunde verdampft werden.

Die Fig. 19 und 20 geben nun eine graphische Darstellung des Verlaufes der Wärmeverteilung mit zunehmender Belastung jedoch bei gleichbleibendem Luftüberschuß. Zur Kennzeichnung des durch den verschieden hohen Luftüberschuß beider Versuchsreihen bedingten Unterschiedes sind ferner in Fig. 21 beide Kurvenscharen übereinander gezeichnet, und es ist außerdem in Fig. 22 eine Umzeichnung der Wärmeverteilung, bezogen auf die tatsächlich zur Entwicklung gelangte Wärme, vorgenommen.

Die Fig. 23 und 24 geben eine Übersicht über den aus obigen Kurven berechneten Verlauf des Kohlenverbrauches bzw. der in kg Kohle ausgedrückten entwickelten Wärme und der Verteilung beider bei verschieden hohem Luftüberschuß.

Zahlentafel 8. Versuche mit Magerkohle bei 12 kg Be-

Versuchsnummer Datum des Versuches	VI, 14 28. 7. 04	I, 9 15. 2. 04	I, 10 16. 2. 04	I, 11 17. 2. 04	I, 12 18. 2. 04
Heizfläche . . . . qm	72,5	73,5	73,5	73,5	73,5
Rostfläche . . . . „	2,1	2,12	2,12	2,12	2,12
Verhältnis von Rostfläche zu Heizfläche	1 : 34,5	1 : 34,7	1 : 34,7	1 : 34,7	1 : 34,7
Dauer des Versuches . . Stunden	9	9	9	9	9
Brennstoff:	Schürbank Stückkohle	Schürbank Nußkohle	Schürbank Nußkohle	Schürbank Nußkohle	Schürbank Nußkohle
verheizt im ganzen . . . . kg	832	899	920	1095	1076,2
„ in der Stunde . . . „	92,4	99,9	102,2	121,7	119,6
„ „ „ „ auf 1 qm Rostfl. „	44,0	47,1	48,2	57,4	56,4
„ „ „ „ „ 1 „ Heizfl. „	1,27	1,36	1,39	1,66	1,63
Rückstände: im ganzen . . . „	35,0	65,0	70,0	72,5	71,5
in Hundertteilen des verheizten Brennstoffes . . . . . v. H.	4,21	7,23	7,61	6,62	6,65
Verbrennliches (Kohlenstoff) in denselben . . . . . v. H.	26,47	28,62	31,52	33,23	32,86
Speisewasser:					
verdampft im ganzen . . . . kg	7878	7891	7884	7914	7931
„ in der Stunde . . . . „	875,3	876,8	876,0	879,3	881,2
„ „ „ „ auf 1 qm Heizfl. „	12,07	11,93	11,92	11,96	11,99
Temperatur . . . . . . °C	22,7	9,2	8,8	8,6	8,3
Dampf: Überdruck . . . kg/qm	7,00	6,99	7,01	7,00	6,99
Dampftemperatur hinter dem Überhitzer . . . . . °C	248	269	274	311	307
Erzeugungswärme: im Kessel WE	635,48	648,96	649,40	649,58	649,86
„ im Überhitzer „	54,50	67,50	70,70	92,30	90,00
„ zusammen . „	689,98	716,46	720,10	741,88	739,86
Heizgase:					
a) am Flammrohrende					
CO_2-Gehalt . . . . . . v. H.	16,00	12,11	11,47	9,19	8,92
CO „ . . . . „ „	0,60	0,02	0,02	0,01	0,00
H_2 „ . . . . „ „	0,26	—	—	—	—
O „ . . . . „ „	2,73	7,25	8,14	10,82	10,85
N „ . . . . „ „	80,41	80,62	80,37	79,98	80,23
Volumen trockener Gase pro kg Kohle . . . . . . cbm	9,37	12,51	12,95	16,22	16,78
Luftüberschußkoeffizient	**1,12**	**1,55**	**1,64**	**2,03**	**2,10**

lastung und verschiedenem Luftüberschuß.

Versuchsnummer	VI, 14	I, 9	I, 10	I, 11	I, 12
b) am Kesselende					
CO_2 - Gehalt . . . . . v. H.	15,14	11,34	10,95	8,50	8,39
CO " . . . . . . " "	0,57	0,02	0,02	0,01	0,00
H_2 " . . . . . . " "	0,25	—	—	—	—
O " . . . . . . " "	4,20	8,14	8,74	11,61	11,47
N " . . . . . . " "	79,84	80,50	80,29	79,88	80,14
Ruß pro cbm Gas . . . . g	0,1925	—	—	—	—
Volumen trockener Gase pro kg Kohle . . . . . cbm	9,90	13,35	13,56	17,54	17,84
Wasserdampfgewicht pro kg Kohle . . . . kg	0,38	0,38	0,36	0,37	0,37
Luftüberschußkoeffizient	**1,19**	**1,65**	**1,71**	**2,20**	**2,23**
Temperatur:					
am Kesselende . . . . °C	244	234	243	287	299
der Verbrennungsluft . . "	30,0	17,0	12,5	11,5	14,5
Zugstärke:					
im Feuerraum . . . mm WS	1,4	1,6	1,6	2,0	2,1
am Flammrohrende . " "	1,6	—	—	2,1	2,2
" Kesselende . . " "	2,1	2,2	2,2	4,6	4,7
" Schornsteinfuß . " "	13,9	17,2	16,8	20,7	23,8
Verdampfung:					
a) zu den Versuchsverhältnissen .	9,47	8,78	8,56	7,23	7,37
b) bezogen auf Dampf von 100 °C aus Wasser von . . . 0 °C	10,26	9,87	9,68	8,42	8,56

Wärmebilanz	WE	v. H.	WE	v. H.	WE	v. H.	WE	v. H.	WE	v. H.
Nutzbar: a) im Kessel	6017	75,75	5697	73,2	5560	72,8	4695	61,4	4789	62,2
b) im Überhitzer . . .	516	6,5	593	7,6	605	7,9	667	8,7	663	8,6
c) zusammen	6533	82,25	6290	80,8	6165	80,7	5362	70,1	5452	70,8
Verloren:										
a) in den Rückständen . . .	90	1,1	168	2,15	194	2,5	178	2,35	177	2,3
b) an freier Wärme i. d. Abgasen	736	9,3	978	12,55	1053	13,8	1613	21,15	1687	21,9
c) durch unverbrannte Gase .	243	3,05	8	0,1	7	0,1	4	0,05	—	0,0
d) " Ruß	15	0,2	—	—	—	—	—	—	—	—
e) " Leitung und Strahlung	325	4,1	341	4,4	219	2,9	487	6,35	380	5,0
Summe = Heizwert des Brennstoffes	7942		7785		7638		7644		7696	

Bei der Aufzeichnung der Linienzüge in Fig. 19 und 20 wurde in der Weise verfahren, daß zunächst die Kurven für die Gesamtausnutzung, den Überhitzeranteil an der Ausnutzung, den Rückständeverlust und den Abwärmeverlust ausgemittelt wurden, aus denen sich dann die Ausnutzungsziffern für den Kessel allein, sowie unter Berücksichtigung der Verluste durch unvollkommene Verbrennung die für Leitung und Strahlung verbleibenden Werte ergaben.

Fig. 19. Änderung der Wärmeverteilung mit zunehmender Belastung bei gleichbleibendem Luftüberschuß von ca. 75 v. H. am Kesselende entspr. ca. 10—11 v. H. CO_2.

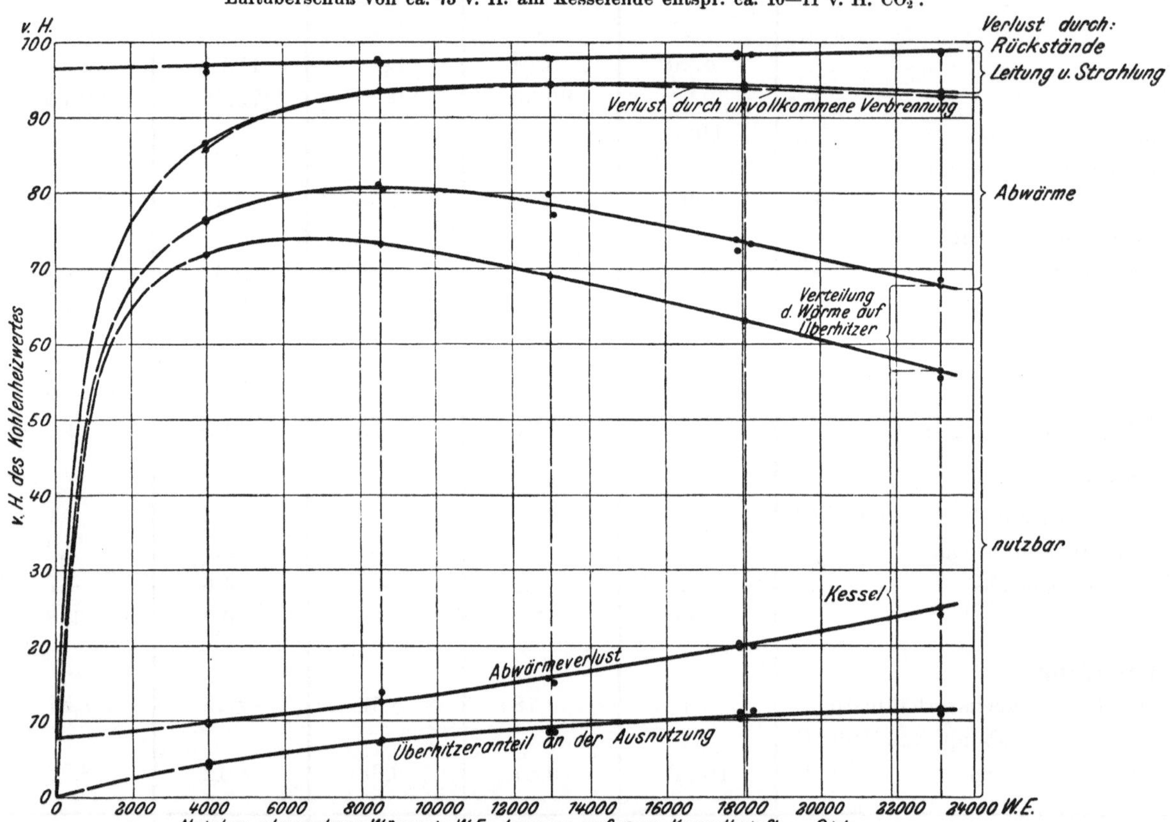

In der gewählten Darstellung entspricht der Nullpunkt einem ideellen Zustand des Kessels, der eintreten würde, wenn es möglich wäre, den Kessel unter voller Betriebsspannung, ohne daß Dampf entnommen würde, samt dem Mauerwerk in Beharrung zu erhalten. Es ist ganz klar, daß hierzu, wie es am besten aus der Darstellung der Fig. 23 und 24 hervorgeht, eine gewisse Wärmemenge aufgewendet werden müßte, von der aber nichts nutzbar gemacht würde. Unter der Voraussetzung vollkommener Verbrennung würde sie vielmehr abzüglich des Verlustes durch Abwärme und des in den Rückständen verbleibenden Verbrennlichen lediglich dazu verwendet, eine Abkühlung zu verhindern, bzw. den durch Leitung und Strahlung in diesem Zustande eintretenden Wärmeverlust zu decken. Könnte die hierzu erforderliche kleine Kohlenmenge beim gleichen Luftüberschuß vollkommen verbrannt werden, wie er der jeweiligen Versuchsreihe entspricht, so erhielte man die in den beiden Fällen auf der Ordinate O aufgetragene Wärmeverteilung. Man ersieht hieraus, daß der Verlust durch Leitung und Strahlung bei sehr geringer Belastung prozentual sehr groß ist, daß er jedoch mit steigender Belastung rasch abnimmt, einen Mindestwert erreicht und alsdann langsam wieder ansteigt. Dabei ist dieser Verlust beim Arbeiten mit höherem Luftüberschuß, abgesehen von der Verteilung in der Nähe des Nullpunktes, durchweg etwas größer als beim Arbeiten mit niedrigerem Luftüberschuß; der Verlauf selbst ist jedoch ähnlich.

Fig. 20. Änderung der Wärmeverteilung mit zunehmender Belastung bei gleichbleibendem Luftüberschuß von ca. 125 v. H. am Kesselende entspr. ca. 8—8,5 v. H. CO_2.

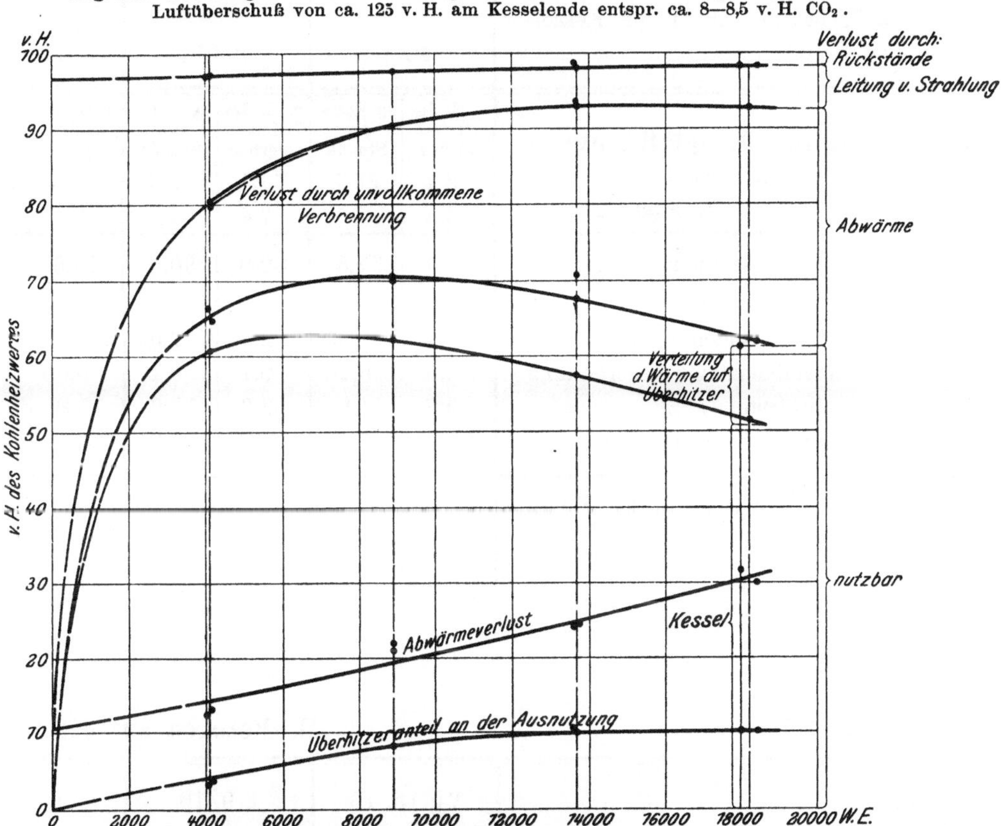

Zahlentafel 11 und 12 enthalten die Werte, welche dem ausgemittelten Verlauf beider Versuchsreihen entsprechen, und zwar Zahlentafel 11 bezogen auf die insgesamt aufgewendete Wärme, Zahlentafel 12 bezogen auf die tatsächlich zur Entwicklung gelangte Wärme. Danach geht bei den Versuchen mit niedrigem Luftüberschuß der Strahlungsverlust von 10,2 v. H. bei 6 kg Belastung auf 3,6 v. H. bei 18 kg zurück, um alsdann allmählich wieder auf 5,6 v. H. bei 30 kg anzusteigen [1]). Beim höheren Luftüberschuß erhält man bei 6 kg Belastung einen Verlust von ca. 17 v. H., welcher bei 18 kg einen Mindestwert von ca. 5 v. H. erreicht und alsdann wieder langsam anwächst.

In diese Zahlentafeln sind ferner die der Darstellungsweise der Fig. 23 und 24 entsprechenden Werte aufgenommen, welchen hinsichtlich des Verlustes durch Leitung und Strahlung zu entnehmen ist, daß dieser im Falle gleichbleibenden Luftüberschusses bei der Verbrennung mit wachsender Belastung des Kessels zunächst auch absolut, allerdings nur wenig abnimmt, um alsdann rascher anzusteigen.

---

[1]) Siehe Fußbemerkung S. 23.

Wärmebilanzen für die

Zahlentafel 11. **A. Bezogen auf die**

Versuchsnummer	VI, 15, 16		I, 9, 10		I, 1, 2	
Belastung in WE, bezogen auf 1 qm Kesselheizfläche und Stunde	4000		8565		13000	
	v. H. des Heizwertes	kg Kohle pro Stunde	v. H. des Heizwertes	kg Kohle pro Stunde	v. H. des Heizwertes	kg Kohle pro Stunde
Nutzbar gemacht zur Dampfbildung:						
im Kessel	72,1	35,7	73,4	73,4	69,4	108,5
„ Überhitzer	4,3	2,1	7,4	7,4	9,1	14,2
zusammen	76,4	37,8	80,8	80,8	78,5	122,7
Verloren:						
in den Rückständen	3,1	1,55	2,5	2,5	2,0	3,13
durch unvollkommene Verbrennung	0,5	0,25	0,1	0,1	0,05	0,08
„ Abwärme	9,8	4,8	12,6	12,6	15,85	24,77
„ Leitung und Strahlung	**10,2**	5,0	**4,0**	4,0	**3,6**	5,62
Stündlich aufgewendete Wärme in kg Kohle von 7800 WE		49,4		100		156,3

Zahlentafel 12. **B. Bezogen auf die tatsäch-**

Versuchsnummer	VI, 15, 16		I, 9, 10		I, 1, 2	
Belastung in WE, bezogen auf 1 qm Kesselheizfläche und Stunde	4000		8565		13000	
	v. H. des Heizwertes	kg Kohle pro Stunde	v. H. des Heizwertes	kg Kohle pro Stunde	v. H. des Heizwertes	kg Kohle pro Stunde
Nutzbar gemacht zur Dampfbildung:						
im Kessel	74,8	35,7	75,36	73,4	70,86	108,5
„ Überhitzer	4,45	2,1	7,6	7,4	9,29	14,2
zusammen	79,25	37,8	82,96	80,8	80,15	122,7
Verloren:						
durch Abwärme	10,15	4,85	12,94	12,6	16,18	24,8
„ Leitung und Strahlung	**10,6**	5,05	**4,1**	4,0	**3,67**	5,6
Stündlich entwickelte Wärme, ausgedrückt in kg Kohle von 7800 WE		47,7		97,4		153,1

verschiedenen Belastungen.

aufgewendete Wärme.

I, 5, 6, 15		I, 17, 18		VII, 16, 17		I, 11, 12		I, 3, 4		I, 13, 14	
18010		23155		4100		8870		13645		18160	
v. H. des Heizwertes	kg Kohle pro Stunde	v. H. des Heizwertes	kg Kohle pro Stunde	v. H. des Heizwertes	kg Kohle pro Stunde	v. H. des Heizwertes	kg Kohle pro Stunde	v. H. des Heizwertes	kg Kohle pro Stunde	v. H. des Heizwertes	kg Kohle pro Stunde
63,4	145	56,6	182,5	61,0	36,05	62,3	73,65	57,9	109,6	51,7	142,15
10,4	23,8	11,3	36,0	4,4	2,6	8,5	10,05	10,1	19,1	10,6	29,15
73,8	168,8	67,9	218,5	65,4	38,65	70,8	83,7	68,0	128,7	62,3	171,3
1,6	3,65	1,1	3,5	2,6	1,55	2,2	2,6	1,8	3,4	1,5	4,1
0,2	0,45	0,3	1,0	0,7	0,4	0,0	0,0	0,0	0,0	0,0	0,0
20,0	45,7	25,1	80,8	14,5	8,6	19,7	23,3	25,1	47,5	30,7	84,45
4,4	10,1	**5,6**	18,0	**16,8**	9,9	**7,3**	8,6	**5,1**	9,65	**5,5**	15,1
	228,7		321,8		59,1		118,2		189,25		274,95

lich entwickelte Wärme.

I, 5, 6, 15		I, 17, 18		VII, 16, 17		I, 11, 12		I, 3, 4		I, 13, 14	
18010		23155		4100		8870		13645		18160	
v. H. des Heizwertes	kg Kohle pro Stunde	v. H. des Heizwertes	kg Kohle pro Stunde	v. H. des Heizwertes	kg Kohle pro Stunde	v. H. des Heizwertes	kg Kohle pro Stunde	v. H. des Heizwertes	kg Kohle pro Stunde	v. H. des Heizwertes	kg Kohle pro Stunde
64,56	145,0	57,4	182,1	63,05	36,05	63,7	73,65	59,0	109,65	52,5	142,2
10,59	23,8	11,46	36,4	4,55	2,6	8,7	10,05	10,25	19,05	10,75	29,1
75,15	168,8	68,86	218,5	67,6	38,65	72,4	83,7	69,25	128,7	63,25	171,3
20,37	45,7	25,46	80,8	15,0	8,6	20,15	23,3	25,55	47,5	31,15	84,4
4,48	10,1	**5,68**	18,0	**17,4**	9,95	**7,45**	8,6	**5,2**	9,65	**5,6**	15,15
	224,6		317,3		57,2		115,6		185,85		270,85

Da es sich, wie hieraus ersichtlich, bei der absoluten Größe dieses Verlustes um eine verhältnismäßig geringe Änderung mit der Belastung handelt, so ist ohne weiteres klar, daß sich ersterer prozentual sehr stark ändern muß. Für den Nullpunkt, d. h. für den angeheizten und unbelastet im Beharrungszustand befindlichen Kessel läßt sich aus der Darstellung der Fig. 23 und 24 der absolute Strahlungsverlust mit ziemlicher Sicherheit entnehmen.

Interessant ist ferner außer der Abwärmeverlustkurve, welche gleichzeitig das Ansteigen der Abgangstemperatur annähernd wiedergibt, insbesondere die Ausnutzungskurve, sowie der Verlauf des Überhitzeranteiles an der Ausnutzung, wenn die ganze Rauchgasmenge zur Überhitzung verwendet wird.

Fig. 21. Änderung der Wärmeverteilung mit zunehmender Belastung bei gleichbleibendem Luftüberschuß.
——— = ca. 75 v. H. Luftüberschuß am Kesselende entspr. ca. 10—11 v. H. CO_2.
– – – = ca. 125 v. H. „ „ „ „ ca. 8—8,5 v. H. CO_2.

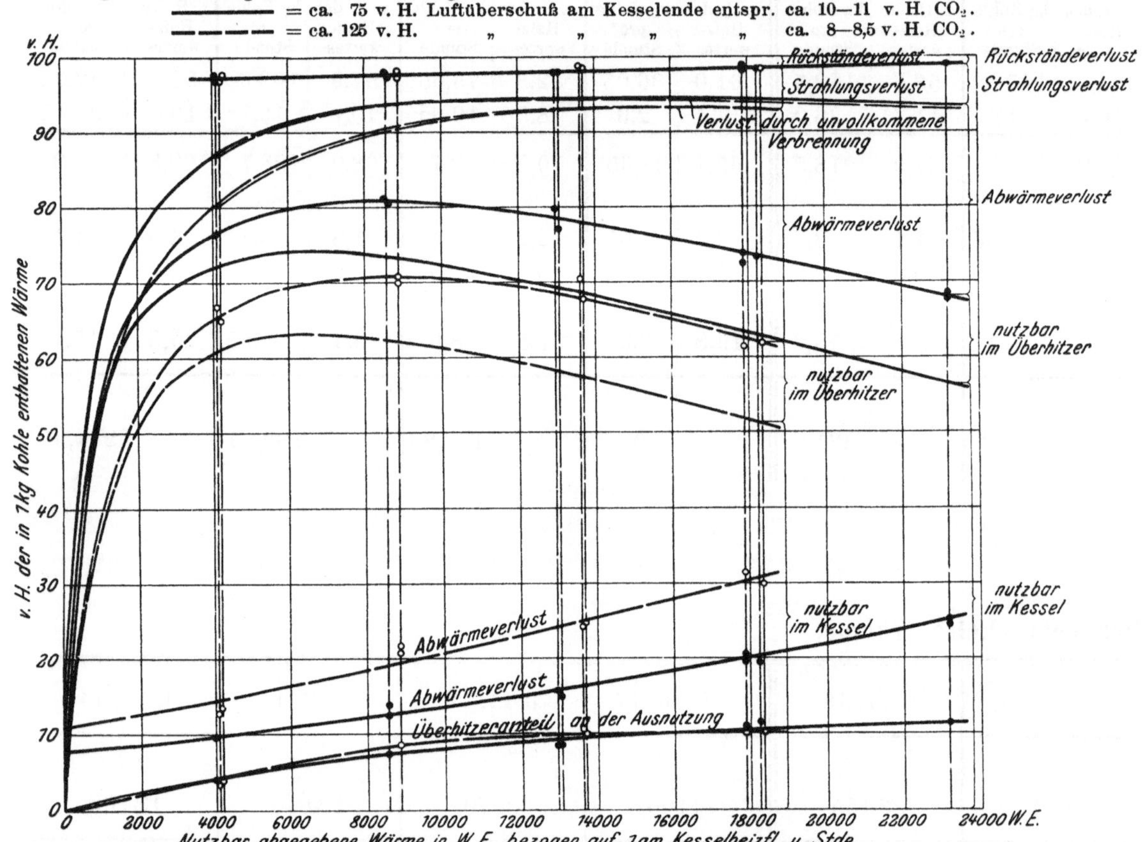

Während die Kesselausnutzung für die beiden Versuchsreihen mit mäßigem bzw. hohem Luftüberschuß bei etwa 9 kg Wasserverdampfung pro qm Heizfläche und Stunde einen Höchstwert von ca. 74 bzw. ca. 63 v. H. aufweist, erreicht die Gesamtausnutzung ihr Maximum bei etwa 12 kg Kesselbeanspruchung. Sie beträgt hierbei im ersteren Falle, d. h. beim mäßigen Luftüberschuß, ca. 81 v. H. und fällt von diesem Wert auf ca. 68 v. H. bei 30 kg Dampfleistung, während sie beim hohen Luftüberschuß von ca. 71 v. H. bei 12 kg Belastung auf ca. 62,5 v. H. bei 24 kg zurückgeht. Dementsprechend steigt der Kohlenverbrauch für die gleiche Zahl nutzbar abgegebener WE bei der ersten Versuchsreihe um ca. 19 v. H. mit Zunahme der Belastung von 12 auf 30 kg, bei der zweiten um ca. 13,5 v. H. mit

Steigerung der Beanspruchung von 12 auf 24 kg. Zwischen letzteren Belastungsgrenzen beträgt die Zunahme des Kohlenverbrauches für die gleiche Nutzleistung bei beiden Versuchsreihen ca. 9,5 v. H. bzw. ca. 13,5 v. H. Man ersieht namentlich aus der ersten Versuchsreihe, wie stark der Kohlenverbrauch bei höheren Belastungen zunimmt. Während er, wie erwähnt, beim Ansteigen der Dampfentnahme von 12 auf 24 kg um 9,5 v. H. anwächst, beträgt die Zunahme zwischen 12 und 30 kg Kesselbelastung bereits ca. 19 v. H. Auf die aus den Fig. 23 und 24 ersichtliche Zunahme des Kohlenverbrauches mit dem Luftüberschuß wird später noch einzugehen sein.

Fig. 22. Änderung der Wärmeverteilung mit zunehmender Belastung bei gleichbleibendem Luftüberschuß.
——— = ca. 75 v. H. Luftüberschuß am Kesselende entspr. ca. 10–11 v. H. CO_2.
– – – – = ca. 125 v. H. „ „ „ „ ca. 8–8,5 v. H. CO_2.

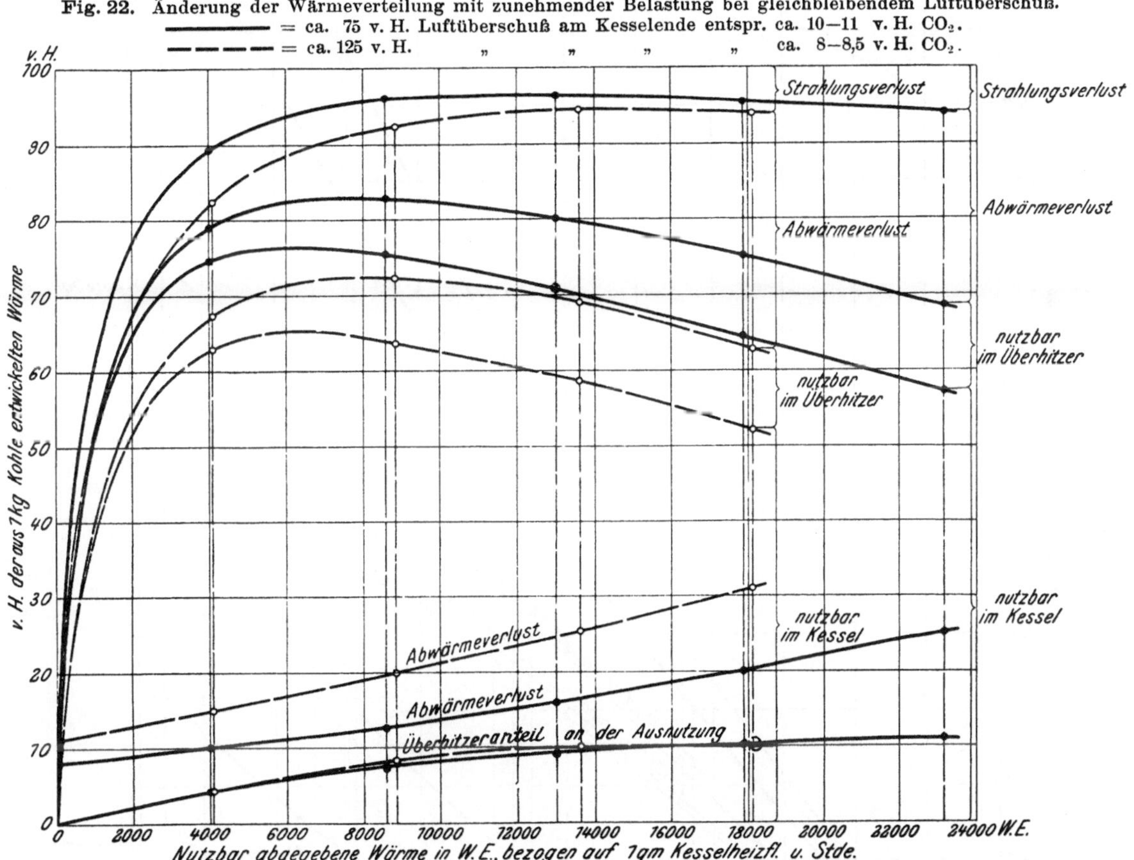

Bezüglich der Verteilung der nutzbar gemachten Wärme auf Kessel und Überhitzer ersieht man, daß der Wert des Überhitzers sowohl mit der Belastung als auch mit dem Luftüberschuß beträchtlich zunimmt. Während Kessel- und Gesamtausnutzung innerhalb der praktisch in Betracht kommenden Grenzen mit steigender Dampfentnahme stetig abnehmen, wächst der Überhitzeranteil zwar allmählich langsamer, aber doch dauernd an. Infolgedessen nimmt beispielsweise in Zahlentafel 6 das Verhältnis des Anteiles an nutzbar gemachter Wärme zwischen Überhitzer und Kessel zu von 4,3 : 72,1 = 1 : 17,8 bei 6 kg Belastung, auf 10,4 : 63,4 = 1 : 6,1 bei 24 kg und auf 11,3 : 56,6 = 1 : 5 bei 30 kg Belastung. In gleicher Weise erhält man aus den Versuchsreihen Zahlentafel 7 das Verhältnis 4,4 : 61 = 1 : 13,9 bei 6 kg und 10,6 : 51,7 = 1 : 4,9 bei 24 kg Belastung.

Fig. 23. Änderung des stündlichen Kohlenverbrauches und seiner Verteilung mit fortschreitender Kesselbelastung bei gleichbleibendem Luftüberschuß.
——— u. —·— = ca. 75 v. H. Luftüberschuß am Kesselende entspr. ca. 10—11 v. H. CO_2.
– – – u. —··— = ca. 125 v. H. „ „ „ „ ca. 8—8,5 v. H. CO_2.

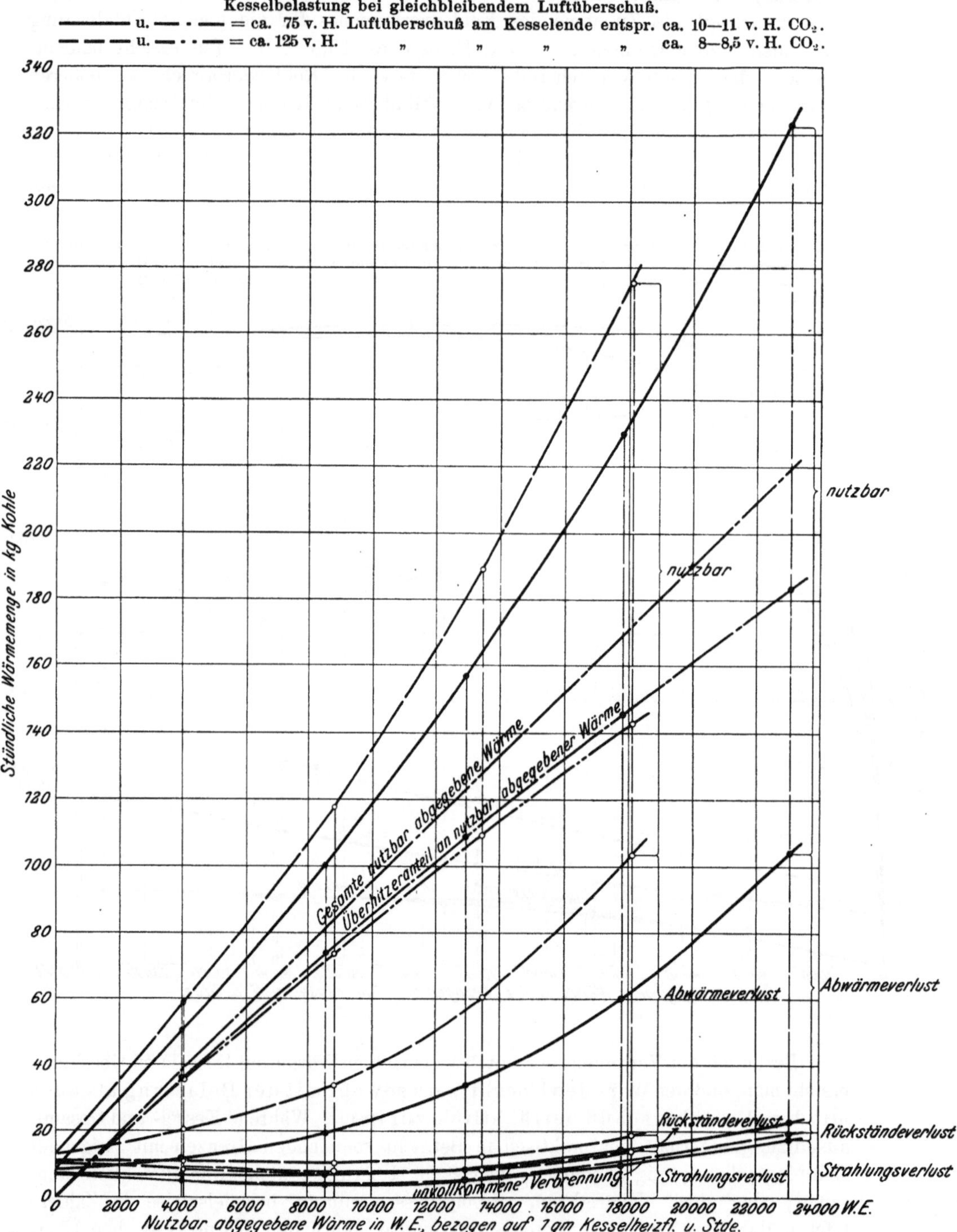

Tatsächlich wird die Änderung dieses Verhältnisses noch größer sein, da mit zunehmender Belastung der Feuchtigkeitsgehalt des Dampfes wächst, der Überhitzeranteil also entsprechend der zu verrichtenden Nachverdampfung größer und der Kesselanteil um denselben Betrag kleiner wird.

Fig. 24. Änderung der stündlich entwickelten Wärme und ihrer Verteilung mit fortschreitender Kesselbelastung bei gleichbleibendem Luftüberschuß.

——— u. —·— = ca. 75 v. H. Luftüberschuß am Kesselende entspr. ca. 10–11 v. H. CO_2.

— — — u. —··— = ca. 125 v. H. „ „ „ „ ca. 8–8,5 v. H. CO_2.

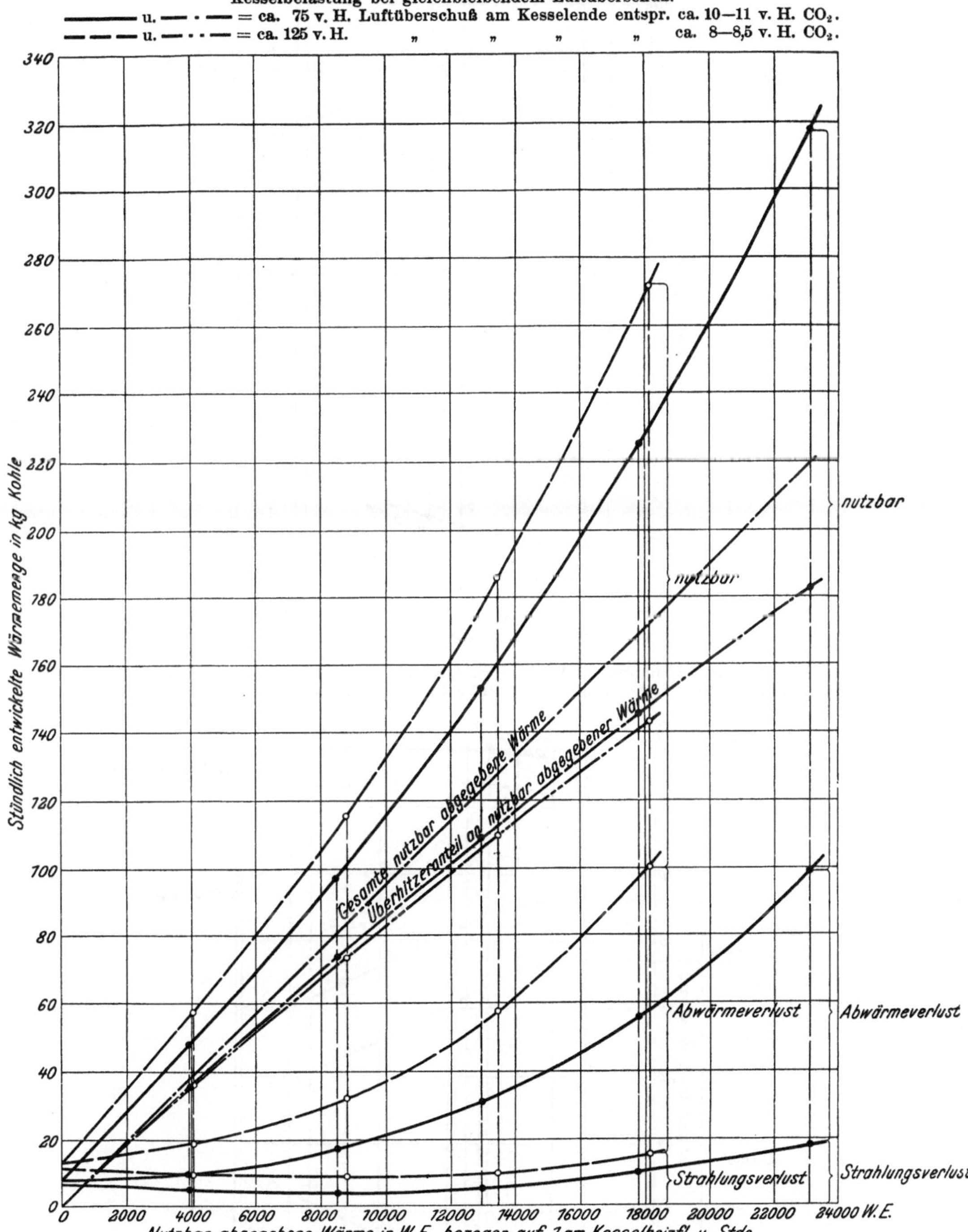

Die Zunahme des Verhältnisses der Ausnutzungsanteile von Kessel und Überhitzer mit dem Luftüberschuß zeigt deutlich die Darstellung in den strichpunktierten Linien der Fig. 23 und 24. Sie rührt daher, daß, wie die Fig. 21 und 22 zeigen, der im Überhitzer nutzbar gemachte Teil des Brennstoffheizwertes sich beim Ar-

Fig. 25. Änderung der Wärmeverteilung mit zunehmendem Luftüberschuß. Versuche mit westfälischer Magerkohle. 12 kg Dampf pro 1 qm Kesselheizfläche und Stunde.

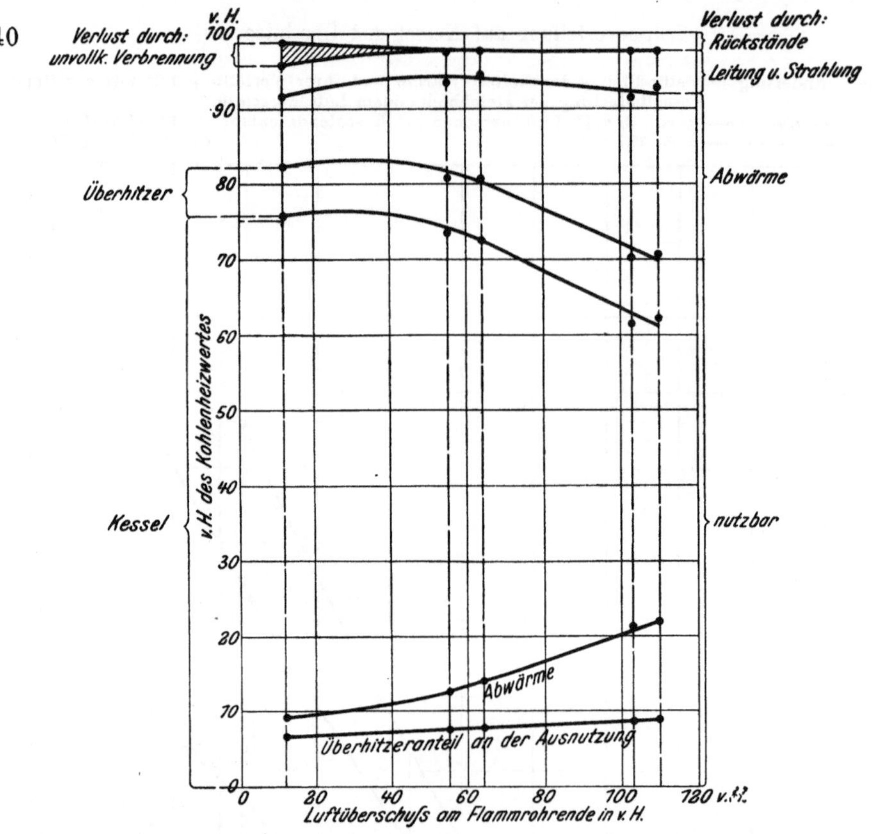

Fig. 26. Änderung der Wärmeverteilung mit zunehmendem Luftüberschuß. Versuche mit westfälischer Magerkohle. 24 kg Dampf pro 1 qm Kesselheizfläche und Stunde.

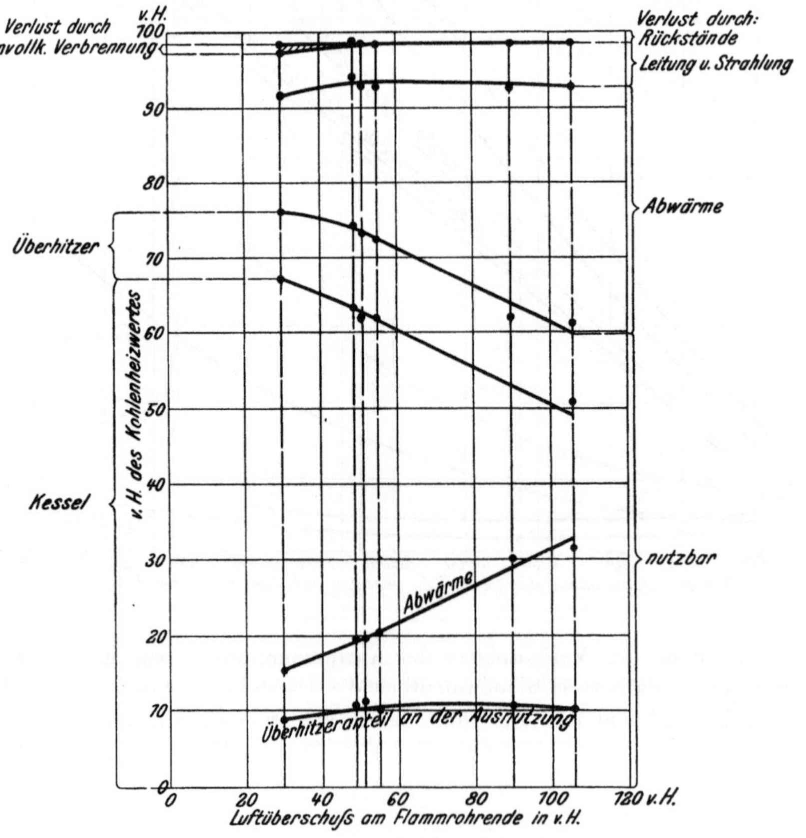

Fig. 27. Änderung der Wärmeverteilung mit zunehmendem Luftüberschuß. Versuche mit englischer Gaskohle „Westhartley". 18 kg Dampf pro 1 qm Kesselheizfläche und Stunde.

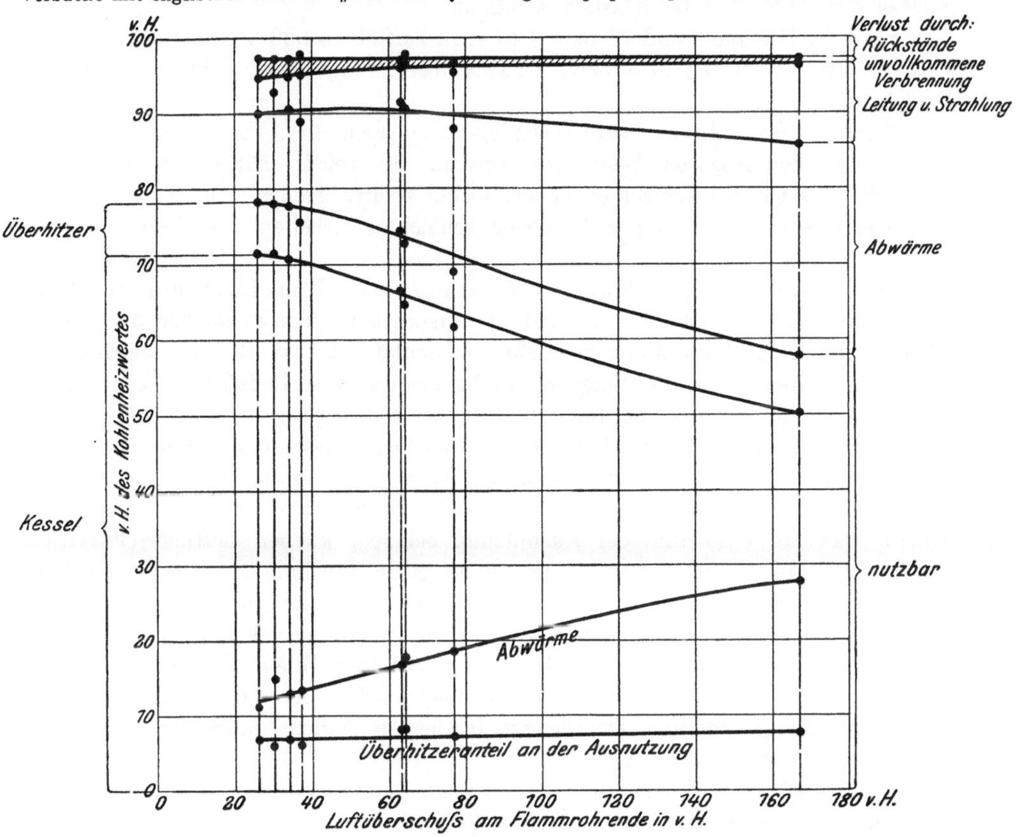

Fig. 28. Änderung des Kohlenverbrauches mit zunehmendem Luftüberschuß.
Versuche mit westfälischer Magerkohle ——— = 12 kg Dampf pro 1 qm Kesselheizfläche und Stunde.
„ „ „ „ — — — = 24 kg „ „ 1 qm „ „ „

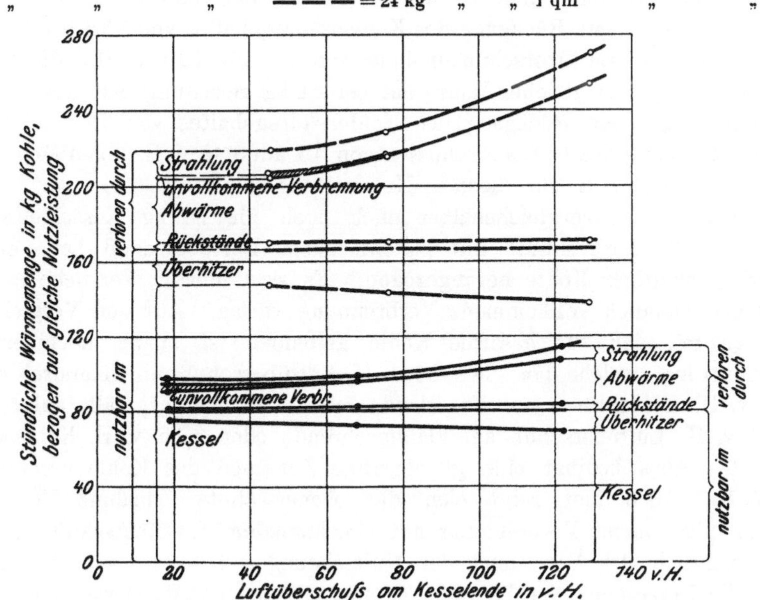

beiten mit höherem Luftüberschuß nur wenig ändert, während der im Kessel nutzbar gemachte Teil beträchtlich abnimmt.

Bei 6 kg Belastung und 75 bzw. 125 v. H. Luftüberschuß am Kesselende beträgt das Verhältnis z. B. 1 : 17,8 bzw. 1 : 13,4, bei 24 kg unter gleichen Umständen 1 : 6,1 und 1 : 4,9.

Dieselbe Beobachtung wird beispielsweise auch bei Vorwärmern gemacht, welche von den Abgasen bestrichen werden. In beiden Fällen ist der Nutzen dieser Heizflächen bei schlechter Feuerführung relativ größer. Sie bilden also in gewissem Grade ein Gegengewicht gegen schlechtes Arbeiten des Heizers.

Die Änderung der Wärmeverteilung mit dem Luftüberschuß am Flammrohrende ist in den Fig. 25 und 26 entsprechend den Versuchen der Zahlentafeln 8 und 9 zur Darstellung gebracht. Zahlentafel 8 bzw. Fig. 25 beziehen sich auf eine stündliche Dampfleistung von 12 kg pro qm Kesselheizfläche, Zahlentafel 9 bzw. Fig. 26 auf eine solche von 24 kg.

Man sieht, wie mit der Abnahme des Luftüberschusses (von rechts nach links) der Abwärmeverlust kleiner und damit die Ausnutzung größer wird, wobei jedoch von einem bestimmten Punkte ab in steigendem Maße unvollkommene Verbrennung eintritt, was das Wachstum der Ausnutzung bei sehr kleinen Luftüberschußziffern hemmt. Beispielsweise wächst in Fig. 25 bei einer Zunahme des mittleren Kohlensäuregehaltes am Kesselende von 8,45 auf 11,15 v. H. die Ausnutzung von 70,45 auf 80,75 v. H., steigt jedoch bei einer weiteren Zunahme des Kohlensäuregehaltes bis 15,14 v. H. nur noch um 1,5 v. H., also auf 82,25 v. H. an. Ähnlich, wenn auch in weniger starkem Maße ist diese Erscheinung aus Fig. 26 ersichtlich. Der Verlust durch unvollkommene Verbrennung ist in beiden Fällen durch die schraffierte Fläche bezeichnet.

In Fig. 28 ist für beide Versuchsgruppen die mit fortschreitendem Luftüberschuß am Kesselende eintretende Änderung des Kohlenverbrauches und seiner Verteilung, bezogen auf gleiche Nutzleistung, dargestellt. Bei 12 kg Belastung wächst der Kohlenverbrauch mit dem Rückgang des Kohlensäuregehaltes von 11,15 auf 8,45 v. H., entsprechend einer Luftüberschußzunahme von 68 auf 120 v. H., um **14,6 v. H.**, während beim Rückgang des Kohlensäuregehaltes von 15,14 auf 8,45 v. H., entsprechend einer Luftüberschußzunahme von 19 auf 120 v. H., die Steigerung **16,7 v. H.** beträgt. In gleicher Weise hat bei 24 kg Belastung, wie die gestrichelten Linienzüge zeigen, ein Rückgang des Kohlensäuregehaltes von 12,8 auf 8,2 v. H. bzw. eine Zunahme des Luftüberschusses von 45 auf 130 v. H. einen Mehrverbrauch an Kohle von **23,5 v. H.** für dieselbe Nutzleistung zur Folge.

In Fig. 27 ist vergleichshalber auch noch für 18 kg Kesselbelastung der Verlauf der Wärmeverteilung mit zunehmendem Luftüberschuß bei Verwendung von stark gashaltiger Kohle herangezogen. Es sind hierfür Versuche ausgewählt, bei welchen ziemlich vollkommene Verbrennung vorlag. Auf den Vergleich dieser Linienzüge mit den für gasarme Kohle geltenden ist später noch einzugehen. Die Ausnutzung, welche bei etwa 26 v. H. Luftüberschuß am Flammrohrende oder bei 13 v. H. Kohlensäure am Kesselende 78,1 v. H. beträgt, fällt auf 57,9 v. H. bei 167 v. H. Luftüberschuß am Flammrohrende oder 6,15 v. H. Kohlensäure am Kesselende. Dies bedingt eine gleichzeitige Zunahme des Kohlenverbrauches um **ca. 35 v. H.** Auch hier zeigt sich die obenerwähnte Zunahme des Verlustes durch unvollkommene Verbrennung mit abnehmendem Luftüberschuß.

Hinsichtlich der Verteilung der Nutzleistung auf Kessel und Überhitzer bestätigen die Diagramme der Fig. 25, 26 und 27 das bereits Gesagte, daß sich der

Überhitzeranteil an der Ausnutzung des Brennstoffheizwertes bei wechselndem Luftüberschuß nur sehr wenig ändert, daß sich aber infolge des starken Rückganges des Kesselanteiles das Verhältnis beider mit zunehmendem Luftüberschuß erheblich zugunsten des Überhitzers verschiebt. Ohne letzteren würde eine Zunahme des Kohlenverbrauches mit dem Luftüberschuß noch in erheblich stärkerem Maße eintreten.

Aus den Fig. 25, 26 und 27 geht ferner klar hervor, daß die Ausnutzung in erster Linie vom Abwärmeverlust und damit vom Luftüberschuß bei der Verbrennung abhängig ist.

Der Verlust in den Rückständen, welcher bei sachgemäßer Arbeitsweise, sofern es sich nicht um sehr aschenreiche Steinkohle handelt, 3—4 v. H. selten überschreitet, bleibt ziemlich konstant, und der Verlust durch Leitung und Strahlung wächst, wie die Figuren erkennen lassen, etwas mit zunehmendem Luftüberschuß. Die gleichzeitige Verminderung der Ausnutzung erfolgt also eher in noch stärkerem Maße, als es durch das Anwachsen des Abwärmeverlustes bedingt ist. Anderseits steigt bei geringerem Luftüberschuß die Gefahr des Auftretens unvollkommener Verbrennung, welcher Einfluß jedoch bei gasarmer Kohle erst unter ca. 40 v. H. Luftüberschuß anfängt, Bedeutung zu gewinnen. Bei gasreichen Kohlen liegen die Verhältnisse in letzterer Beziehung erheblich ungünstiger, wie später noch eingehend erörtert wird.

V. Versuche mit gasreichen Kohlen.

Die Versuche mit gasreichen Kohlen kamen in den sechs Gruppen II bis VII zur Durchführung, und zwar wurde in den Gruppen II und VI mit dem gewöhnlichen Planrost gearbeitet, während bei den Gruppen III bis V die verschiedenen in Abschnitt II aufgeführten Einrichtungen mit selbsttätig geregelter Sekundärluftzufuhr eingebaut waren und bei Gruppe VII mechanische Rostbeschickung sich in Tätigkeit befand.

Die Durchführung erfolgte derart, daß in den einzelnen Gruppen sowohl die mit verschiedenen Kohlensorten als auch die mit verschiedener Arbeitsweise in Aussicht genommenen Versuche für jede Belastungsstufe im allgemeinen unmittelbar hintereinander zur Vornahme kamen, um immer einen guten Beharrungszustand des Kesselmauerwerks zu haben (siehe auch S. 10).

Vor weiterer Besprechung der Versuche sollen nun zunächst die verschiedenen zum Einbau gekommenen Einrichtungen kurz beschrieben werden. Dabei ist zu denjenigen mit Sekundärluftzufuhr im allgemeinen noch zu bemerken, daß es sich, wie schon aus den Erörterungen auf S. 2 hervorgeht, nicht darum handelte, die nachstehend beschriebenen drei Einrichtungen im besonderen zu prüfen, sondern daß aus der großen Zahl solcher Konstruktionen einige typische Anordnungen herausgegriffen werden sollten, um an Hand derselben die ganzen einschlägigen Verhältnisse möglichst zu klären.

Hinsichtlich der mechanischen Beschickung begnügte man sich zunächst damit, ein System der am meisten verbreiteten Wurfapparate einzubauen, da es sich zur Hauptsache darum handelte, festzustellen, inwiefern eine Änderung der Verbrennungsverhältnisse durch den grundsätzlichen Unterschied der ununterbrochenen Beschickung und der periodischen bedingt würde, und da außerdem die gegenseitige Abweichung in der Wirkungsweise dieser Einrichtungen nicht so groß ist, als daß die gewonnenen Ergebnisse nicht einer sinngemäßen Verallgemeinerung fähig wären (siehe auch Fußbemerkung S. 2).

A. Beschreibung der einzelnen Einrichtungen.

Die Sekundärluftzufuhr von vorn und oben nach der Mitte des Rostes, wie sie von J. A. Topf & Söhne, Erfurt, ausgeführt wird und bei den Versuchen der Gruppe III in Anwendung war, ist aus den Fig. 29—34 ersichtlich. Der Luftzutritt erfolgt durch ein mit dem Feuerungsgeschränke zusammengegossenes Gehäuse, das sich über der Feuertür erhebt und durch eine Scharnierklappe verschließbar ist. Zur Erzielung möglichst guter Mischung der Luft mit den sich entwickelnden Gasen ist anschließend an das Feuerungsgeschränk über der Rostplatte und dem vorderen Teil des Rostes ein Verteilungsbogen eingebaut, dessen Querschnitt Fig. 30 zeigt. Beim vollständigem Öffnen der Feuertür und darauffolgendem Schließen wird durch das aus den Fig. 31, 32 und 33 ersichtliche Hebelwerk die Scharnierklappe für den Sekundärluftzutritt geöffnet, und gleichzeitig der aus Fig. 34 im Schnitt ersichtliche Ölkatarakt aufgezogen. Die Klappe bleibt alsdann zunächst offen, um sich unter dem Einfluß ihres Eigengewichtes allmählich mit einer Geschwindigkeit zu schließen, wie sie die Einstellung der Öffnung J

Fig. 29.

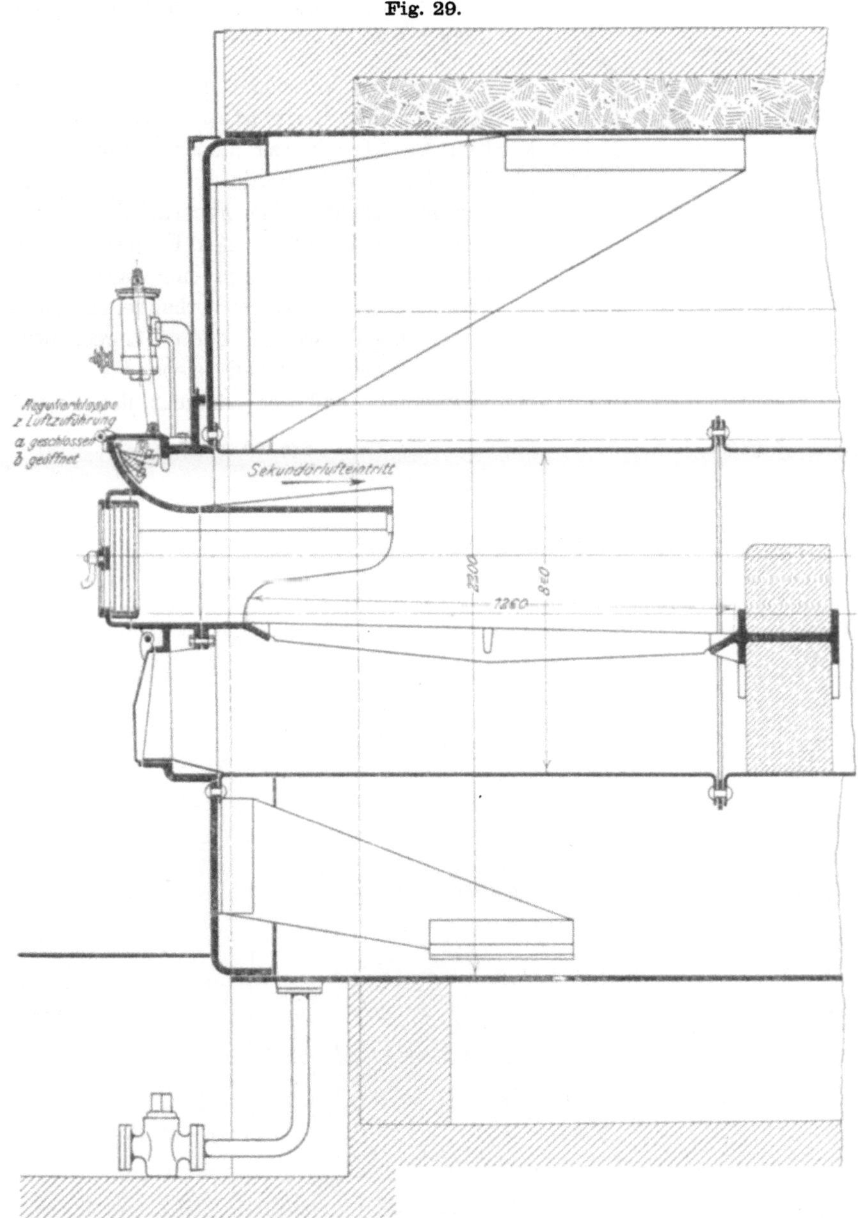

im Katarakt, welche durch den im Umführungskanal befindlichen Stift K erfolgt, zuläßt. Während also die Zeitdauer des Sekundärluftzutrittes durch die Stellung des Stiftes K bestimmt wird, kann ihre Menge durch eine zweite, aus Fig. 29 ersichtliche Klappe geregelt werden, welche den Zutrittsquerschnitt von außen zu verstellen gestattet. Der Verteilungsbogen soll noch dazu dienen, die Sekundärluft vorzuwärmen, wodurch derselbe gleichzeitig gekühlt wird. Ferner ist auch eine dauernde Sekundärluftzufuhr durch die Feuertür möglich; zu diesem Behufe ist letztere mit dem aus den Figuren ersichtlichen einstellbaren Gitterschieber versehen und besitzt außerdem einen Einsatz von Drahtgeflecht (siehe Fig. 29), welcher auch dem Zwecke der Luftvorwärmung dienen soll.

Fig. 30.

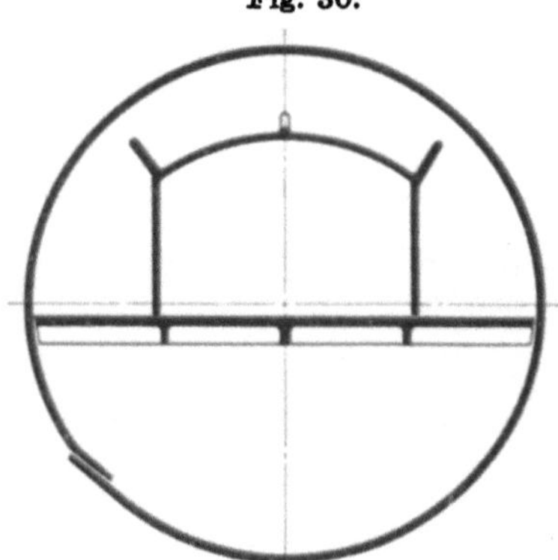

Bei den Versuchen der Gruppe IV erfolgte die Sekundärluftzufuhr durch die Feuerbrücke. Die hierzu dienende Einrichtung von Kowitzke & Co., Berlin, ist in den Fig. 35—38 veranschaulicht. Die Feuerbrücke besteht aus einem hohlen gußeisernen Körper, in welchem unten die Regulierklappe eingebaut ist. Die im Innern dieses Körpers vorhandenen Quer- und Längsrippen, welche derart angeordnet sind, daß oben zwei Reihen rechteckiger Öffnungen entstehen (siehe Fig. 36), sollen gleichzeitig dem Zwecke der Luftvorwärmung und der Kühlung der Feuerbrücke

Fig. 31. Fig. 32.

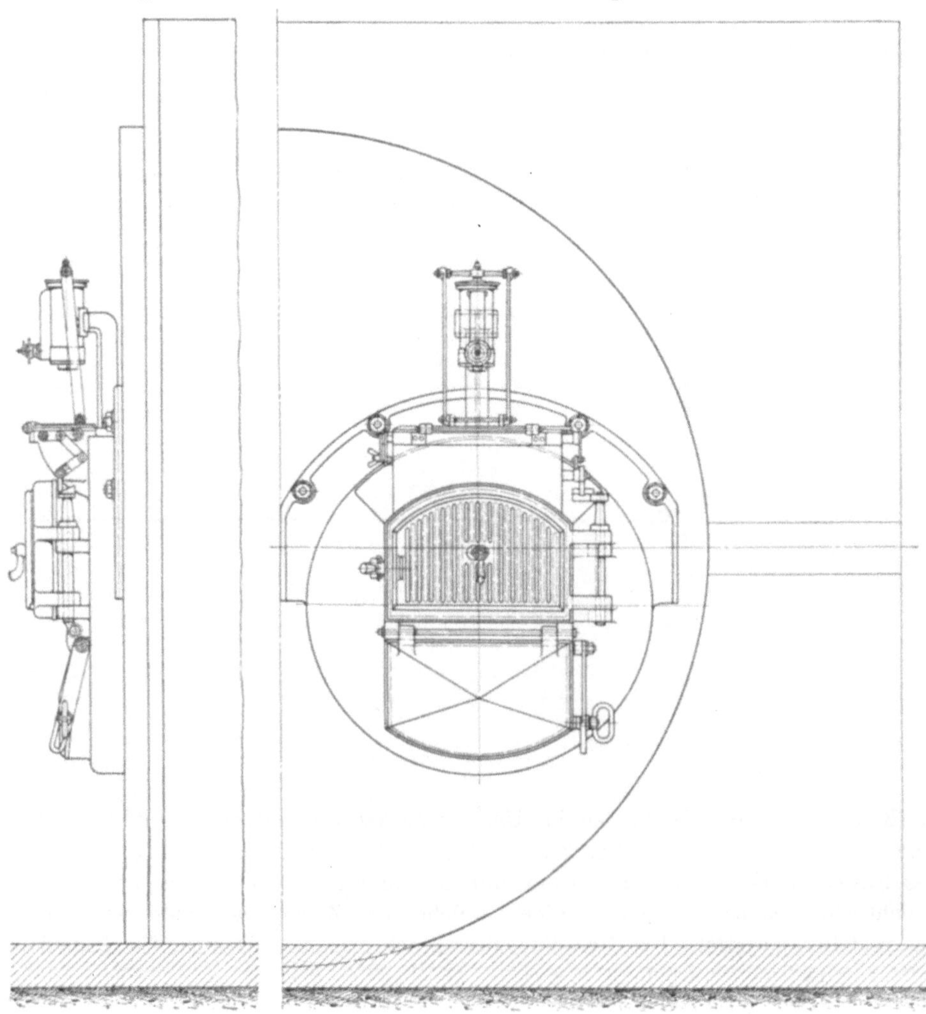

dienen. Letztere ist außerdem, um Verstopfungen zu vermeiden, wie sie durch Kohlenstücke eintreten können, die auf die Feuerbrücke fallen, so gestaltet, daß die Öffnungen sich nach unten stark erweitern. Sieht man zunächst von dem aus den Fig. 35, 36 und 37 ersichtlichen, an der linken Seite der Kesselvorderwand angebauten sogenannten Feuerungsregler von Kowitzke ab, auf welchen nachher noch zurückzukommen ist, so besteht die Einrichtung außer der Feuerbrücke noch aus dem für jedes Feuer an der Kesselvorderwand angebrachten Uhrwerk, welches in der aus den Figuren ersichtlichen Weise mit der Regulierklappe in Verbindung steht. Beim Öffnen der Feuertür, deren Achse mittels Universalgelenkes mit der Stange *a* verbunden ist, wird durch den Anschlag *b* der Winkelhebel *c* gedreht und dadurch sowohl das Uhrwerk *d* unter der Einwirkung des Gewichtshebels *e* aufgezogen, als auch die Regulierklappe *f* in der Feuerbrücke geöffnet. Nach erfolgtem Schließen der Feuertür beginnt die Sekundärluftklappe unter dem Einfluß des zuvor mit hochgezogenen Gewichtes *g* ihre Abschlußbewegung, welche jedoch nur in dem Maße erfolgen kann, als es das Uhrwerk *d* zuläßt, dessen Hemmung in kräftiger Weise durch einen sehr rasch umlaufenden Windflügel erfolgt. Zur Erzielung rascheren oder langsameren Abschlusses läßt man das Gewicht *g* an einem größeren oder kleineren Hebelarm angreifen, zu welchem Zweck der zu seiner Aufhängung dienende, anf der Welle *i* sitzende Hehel *k* eine Reihe von Löchern besitzt. Der Öffnungsquerschnitt für die Sekundärluft kann dadurch verändert werden, daß der Zapfen *l*, auf welchem die Zugstange *m* eingehakt ist, sich in einem Schlitzhebel verstellen läßt. Je mehr *l* nach außen gestellt wird, um so größer ergibt sich die Drehbewegung für die Klappe *f*. Da diese nach erfolgtem Ablauf immer ganz abschließen muß, so ist der um den Zapfen *l* greifende Mitnehmer der Stange *m* verschiebbar auf dieser angeordnet. Seine Einstellung ist zusammen mit derjenigen von *l* derart zu bewerkstelligen, das immer ein dichter Klappenabschluß erfolgt. Ein nicht vollständiges Öffnen der Klappe *f* ist auch dadurch zu erzielen, daß durch Einstecken eines Stiftes in die unteren Löcher der Lasche *n* (siehe Fig. 35) der Hebel *e* nicht ganz nach unten gehen kann, so daß das

Fig. 33.

Fig. 34.

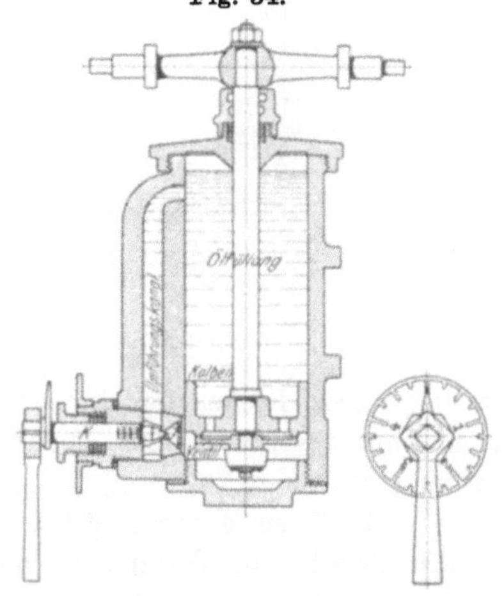

Uhrwerk nur teilweise aufgezogen wird und die Klappe f infolge des zwischen Gewicht g und Uhrwerk d entstehenden toten Ganges beim Schließen der Feuertür sogleich um den entsprechenden Betrag nachfolgt, um erst dann unter dem Einfluß des Uhrwerks langsam weiter zu schließen. Das Einstecken des Stiftes

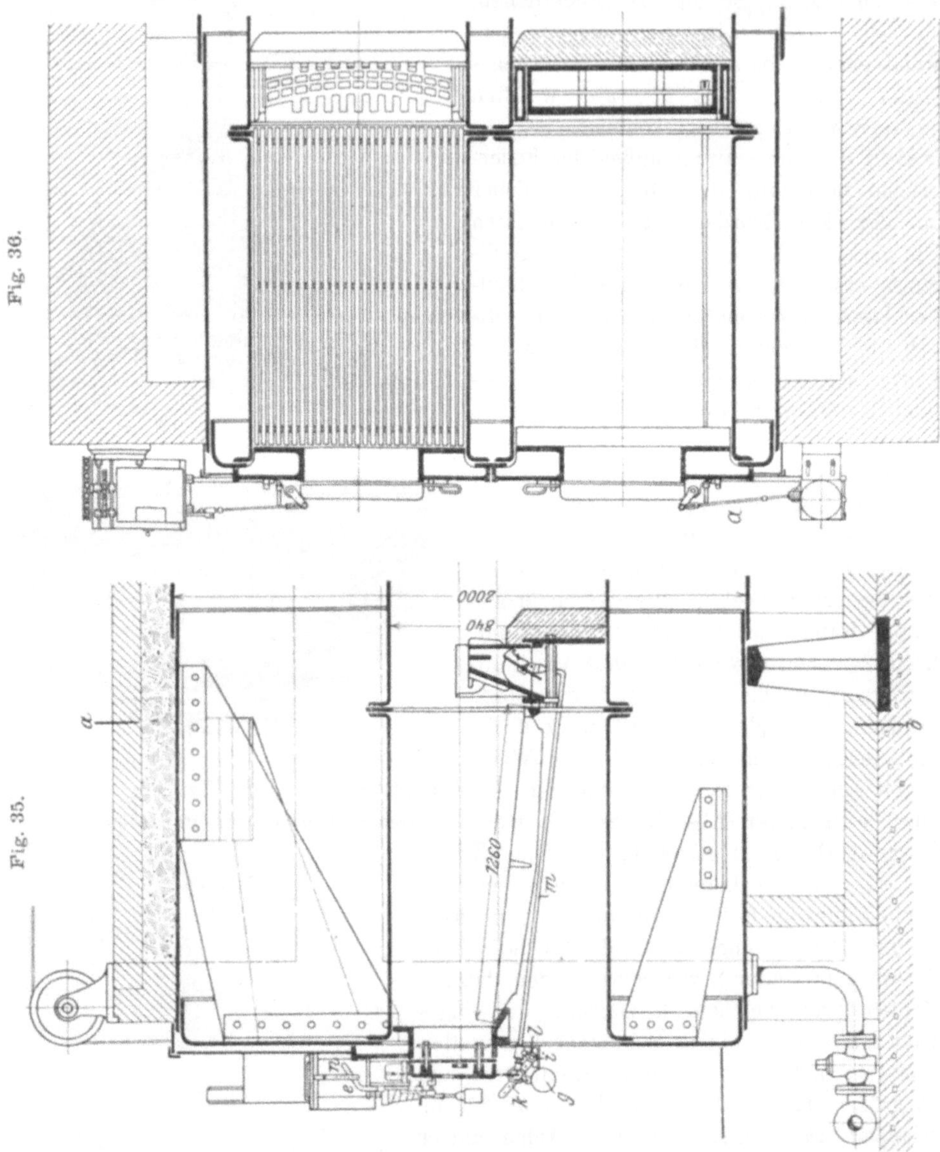

Fig. 36.

Fig. 35.

in die oberen Löcher der Lasche n hat zur Folge, daß die Klappe f überhaupt nicht ganz abschließt, also dauernd Sekundärluft je nach der noch verbleibenden Öffnung zuströmt.

Da die Firma Kowitzke & Co. besonderen Wert darauf legte, den von ihr gebauten Feuerungsregler in Verbindung mit ihrer Einrichtung für Zufuhr von Sekundärluft an dem Versuchskessel mit zum Einbau zu bringen und es nicht uninteressant schien, sich auch über dessen Wert zu informieren, so wurde diese Einrichtung mit angebracht, besonders, da es ohne weiteres möglich war, mit der gewöhnlichen

Fig. 37.

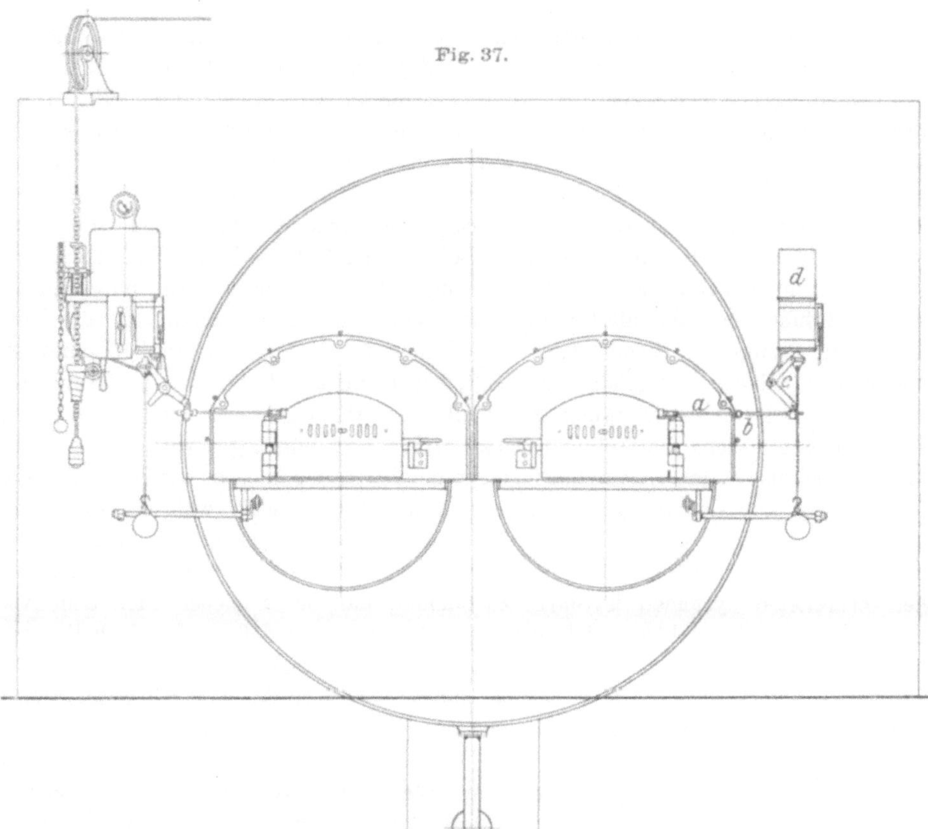

Fig. 38.

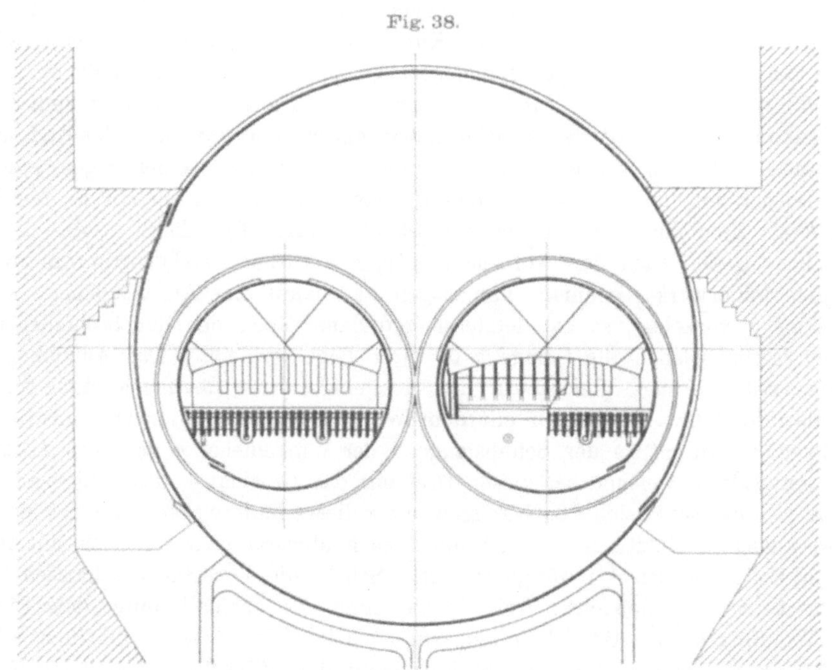

Anordnung allein auch ohne den Regler zu arbeiten. Der letztere soll hauptsächlich bei dauernd vorhandener oder häufig eintretender schwacher Belastung in Anwendung kommen. Bei dem in solchen Fällen zur Erzielung mäßigen Luftüberschusses nötigen schwachen Zug und dem dadurch bedingten Schwelen der Feuer ist es bei gasreicher Kohle einerseits nicht möglich, befriedigend vollkommene Verbrennung herbeizuführen; anderseits hat unter solchen Verhältnissen die dauernde Anwendung höheren Zuges starkes Abbrennen der Feuer und damit sehr unwirtschaftliches Arbeiten zur Folge. Beide Übelstände soll die Einrichtung dadurch vermeiden, daß zunächst während einiger Minuten stärkerer Zug unter gleichzeitiger Zufuhr von Sekundärluft in Anwendung kommt, so lange, bis die Entgasung zur Hauptsache beendet bzw. der aufgeworfene Brennstoff durchgebrannt ist, worauf der Schieber selbsttätig zu schließen beginnt. Dabei ist die Zeitdauer, während welcher letzterer aufgezogen bleibt, innerhalb gewisser Grenzen beliebig einstellbar und ebenso die Stellung, bis zu welcher er aufgezogen wird bzw. abläuft. Für die Zeitdauer der Anwendung stärkeren Zuges ist ebenso wie für das Maß des letzteren zur Hauptsache die Art der Kohle bestimmend, während die Wahl der Abschlußstellung ebenso wie die Zeitdauer bis zur nächsten Beschickung von der Betriebsstärke abhängt. Der Hauptvorteil der Einrichtung gegenüber ähnlichen viel verbreiteten Systemen ist darin zu suchen, daß der Schieber nach dem Abschluß der Feuertür nicht sogleich abzulaufen beginnt, und daß es sich deshalb auch nicht als nötig erweist, ihn weiter aufzuziehen als zur Erzielung guter Verbrennungsverhältnisse erforderlich ist, wie dies bei andern Systemen der Fall sein muß, sofern nicht ein zu frühzeitiger Abschluß eintreten soll.

Die Anordnung ist aus den Fig. 35—37 und noch deutlicher aus den Fig. 39—41 ersichtlich. Die Achse *a* trägt ein Kettenrad *b*, über welches durch die Führungsrolle *c* eine Gelenkkette *d* geführt wird, deren eines Ende in das Zugseil für den Rauchschieber ausläuft, während an dem anderen Ende das Gegengewicht *e* und die davor befindliche zur Hubbegrenzung dienende und auf der Kette verschiebbare Pufferfeder *f* angebracht ist. Auf der Welle *a* befindet sich ferner das Handrad *w*, sowie die Kupplung *g*, durch welche das erstere bzw. das Kettenrad *b* und damit der Rauchschieber mit einem starken Räderwerk *h* in Verbindung gebracht wird. Unmittelbar vor dem Öffnen der Feuertür zum Zweck der Neubeschickung wird der Rauchschieber mittels der über das Handrad *w* geschlagenen Kette aufgezogen, worauf er unter dem Einfluß seines Eigengewichtes sofort wieder zulaufen würde mit einer Geschwindigkeit, wie sie ein in dem Uhrwerk *h* als Hemmung befindlicher Windflügel *t* (Fig. 39) zuläßt. Indessen wird durch das sogleich nach dem Aufziehen erfolgende Öffnen der Feuertür ein zweites leichteres Räderwerk *q* ebenfalls aufgezogen und damit eine Anschlagstange *s* dem Windflügel *t* vorgelegt, so daß letzterer und damit auch der Rauchschieber nicht ablaufen kann, solange die Stange *s* in ihrer Lage verbleibt. Das Aufziehen des Räderwerkes *q* erfolgt gleichzeitig mit demjenigen des Regulierwerkes für die Sekundärluftzufuhr. Durch den mit dem Winkelhebel 2 auf gleicher Achse sitzenden Hebel 3 wird mittels der Schubstange 4 der Winkelhebel *k* gedreht. Letzterer trägt den Stift *o*, welcher bei dieser Drehung das Gewicht *p* des Räderwerkes *q* hochhebt. Dabei senkt sich das Gegengewicht *r* dieses Räderwerkes, auf das sich die Anschlagstange *s* stützt, die nun ebenfalls nach abwärts geht und sich mit ihrem anderen Ende vor den Windflügel *t* legt. Sobald die Feuertür geschlossen wird, gibt der Stift *o* das Gewicht *p* frei, welches nunmehr, ebenfalls unter dem Einfluß eines Windflügels, das Gewicht *r* langsam hochzieht, bis dieses schließlich wieder an die Stange *s* schlägt, diese anhebt und damit den Windflügel *t* und den Rauchschieber freigibt. Die Einstellung des Beginnes der Abschlußbewegung für den Rauchschieber erfolgt durch Verschiebung der Gabel *u* auf einer Skala *v*. Die Gabel

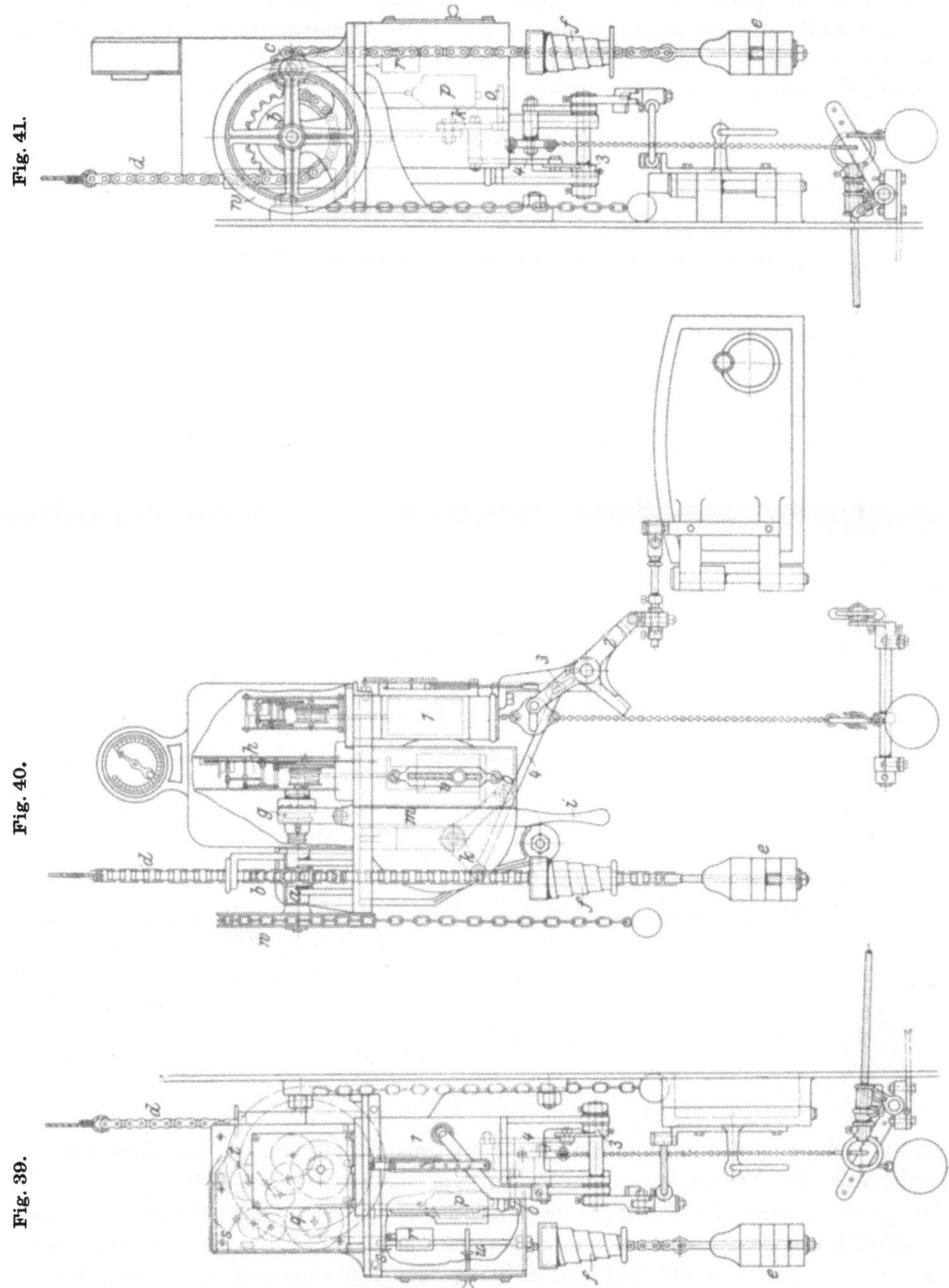

Fig. 41.

Fig. 40.

Fig. 39.

bildet eine Hubbegrenzung für das Gewicht *r*, so daß die Ausrückung der Stange *s* um so früher erfolgt, in je höherer Lage *u* festgesteckt wird.

Durch Ausrücken der Kupplung *g* wird die ganze Einrichtung ausgeschaltet und der Schieber kann mittels der Gelenkkette in beliebiger Lage festgestellt werden. Auf den Apparat ist noch ein Zugmesser aufgesetzt.

Die bei der Gruppe V in Verwendung gewesene Einrichtung für Zufuhr von Luft hinter der Feuerbrücke in einen dort geschaffenen besonderen Verbrennungsraum, gebaut von E. J. Schmidt, Hamburg, zeigen die Fig. 52—56.

Der Luftzuführungskanal ist zum Zweck der Luftvorwärmung mit einer Reihe von Rippen versehen. Hinter der Feuerbrücke befindet sich der aus den Figuren ersichtliche Einbau aus Schamotte, welcher sowohl die Herbeiführung einer

Fig. 42.

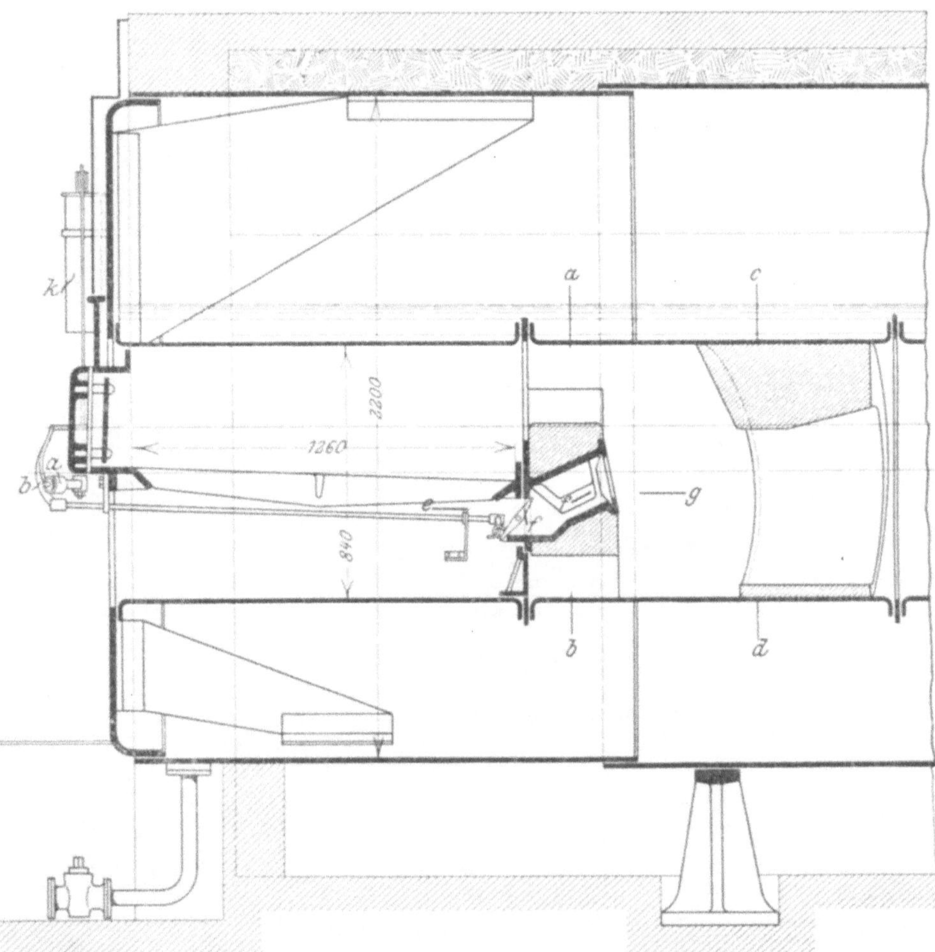

guten Mischung von Luft und Gas befördern, als auch vermöge der Höhe seiner Temperatur die Verbrennung im übrigen günstig beeinflussen soll. Besonderer Wert wird seitens des Erbauers dem Umstand beigelegt, daß einerseits durch die Abschrägung der Feuerbrücke, anderseits durch die dieser Abschrägung entsprechende Versetzung der Durchtrittsöffnung des Einbaues und der Formgebung des letzteren die Gase gezwungen werden sollen, eine drehende Bewegung anzunehmen, nicht nur, um dadurch die Mischung zu befördern, sondern auch um eine bessere Wärmeübertragung aus den Gasen an die Wandungen des Flammrohres zu erzielen und die Ablagerung von Flugasche im Flammrohr zu vermindern. Die Regelung der Luftzufuhr erfolgt mittels eines Luft- oder Ölkataraktes. Beim Öffnen der Feuertür wird durch die aus den Figuren ersichtliche Rolle a mittels des Hebels b gleichzeitig die Klappe f geöffnet und der Katarakt k aufgezogen. Der Abschluß erfolgt jedoch nicht unter dem Einfluß eines Gegengewichtes, für welches der Katarakt als Hemmwerk dient, wie dies bei den früher beschriebenen

Fig. 43.

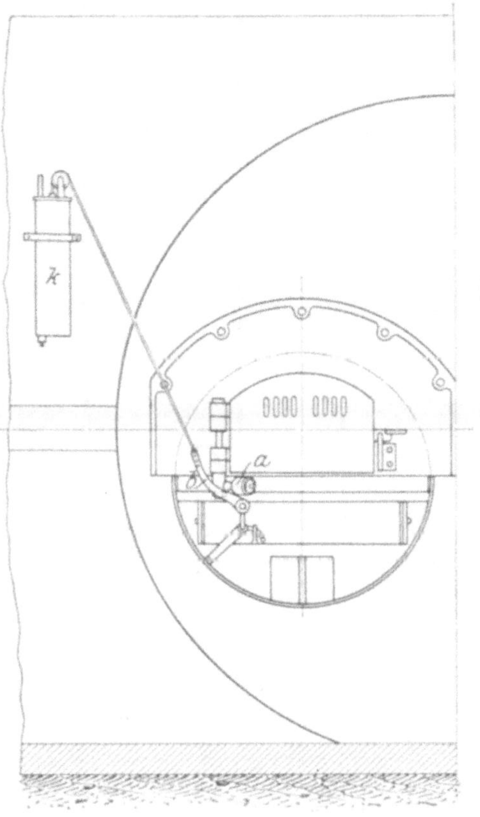

Fig. 44.
Schnitt a—b.

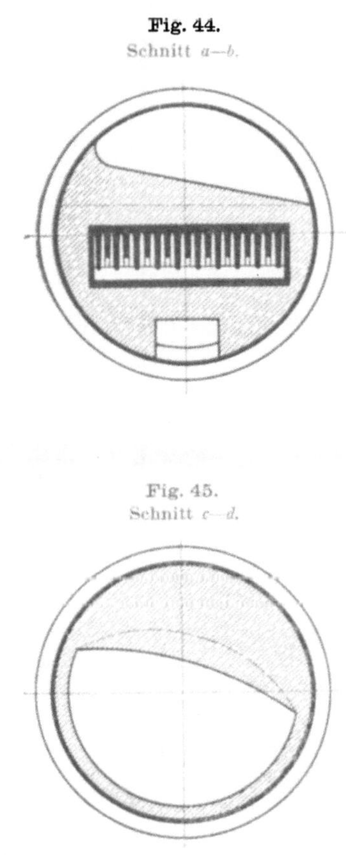

Fig. 45.
Schnitt c—d.

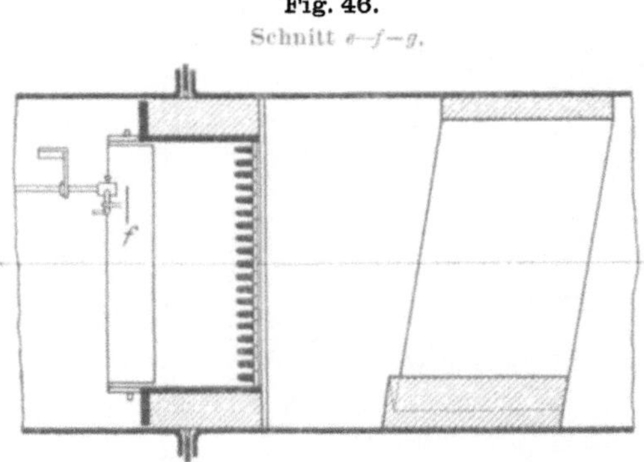

Fig. 46.
Schnitt e—f—g.

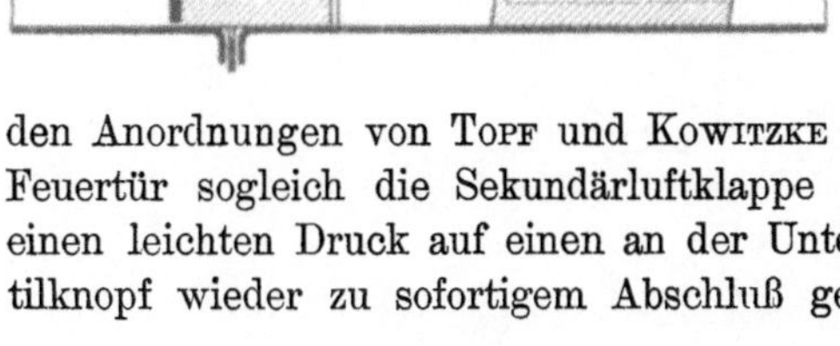

Anordnungen der Fall ist, sondern letzterer hat die Klappe bei seinem Ablaufen selbst mitzubewegen, ein Umstand, der sich, wie die Versuche zeigten, für eine sichere Regulierung als sehr unvorteilhaft erweist. Die Zeitdauer des Ablaufens bestimmt sich durch Einstellung einer an dem Regulierwerk k befindlichen Luftschraube. Das Maß der Klappenöffnung muß durch Verdrehen des Hebels b eingestellt werden. Entgegen den Anordnungen von Topf und Kowitzke wird hier auch bei geringem Öffnen der Feuertür sogleich die Sekundärluftklappe mit aufgezogen. Jedoch kann sie durch einen leichten Druck auf einen an der Unterfläche des Kataraktes befindlichen Ventilknopf wieder zu sofortigem Abschluß gebracht werden.

2200
1680
1260
840
40
S-Luft
S-Luft
n = ca. 30
685
943
943
685
608
570
570
608

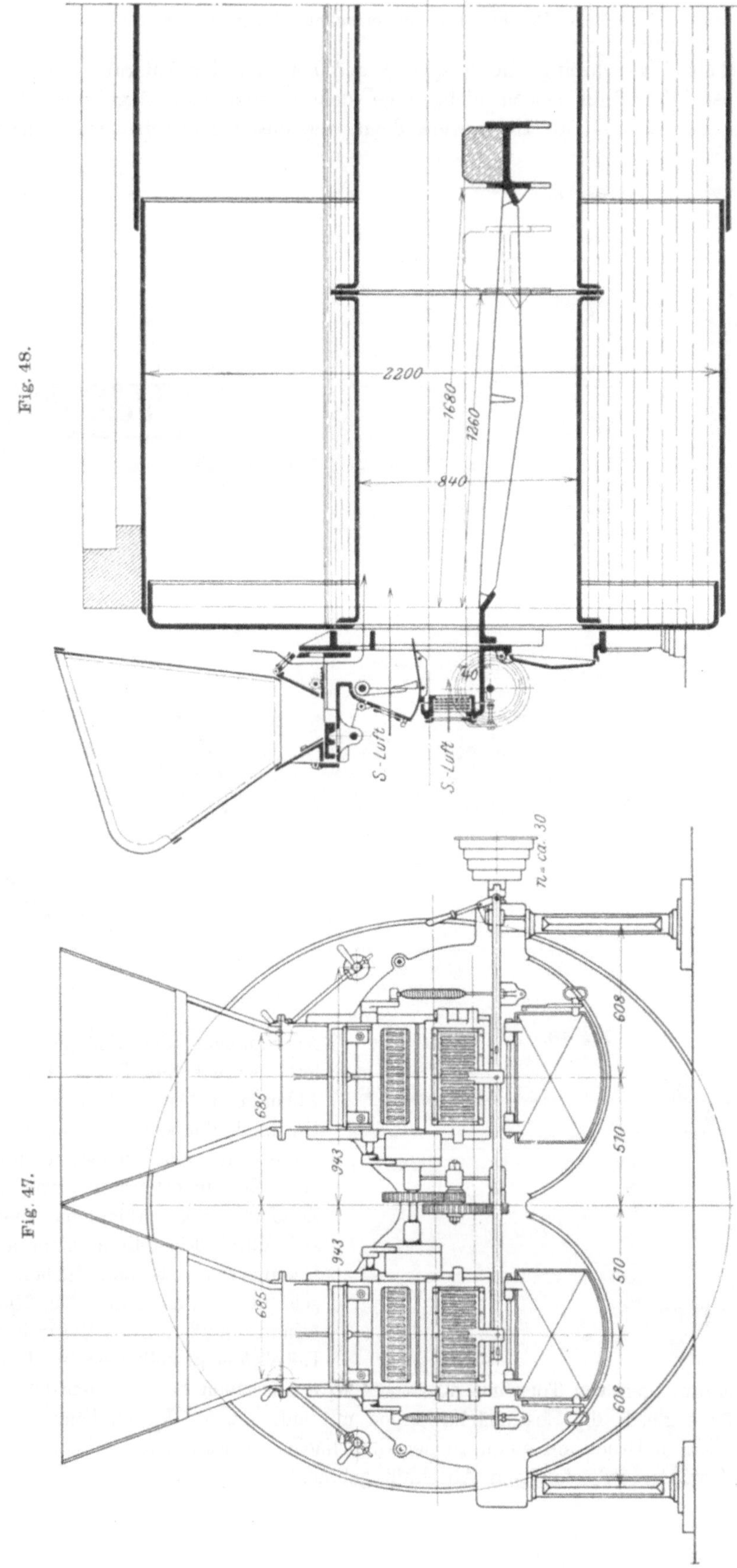

Fig. 48.

Fig. 47.

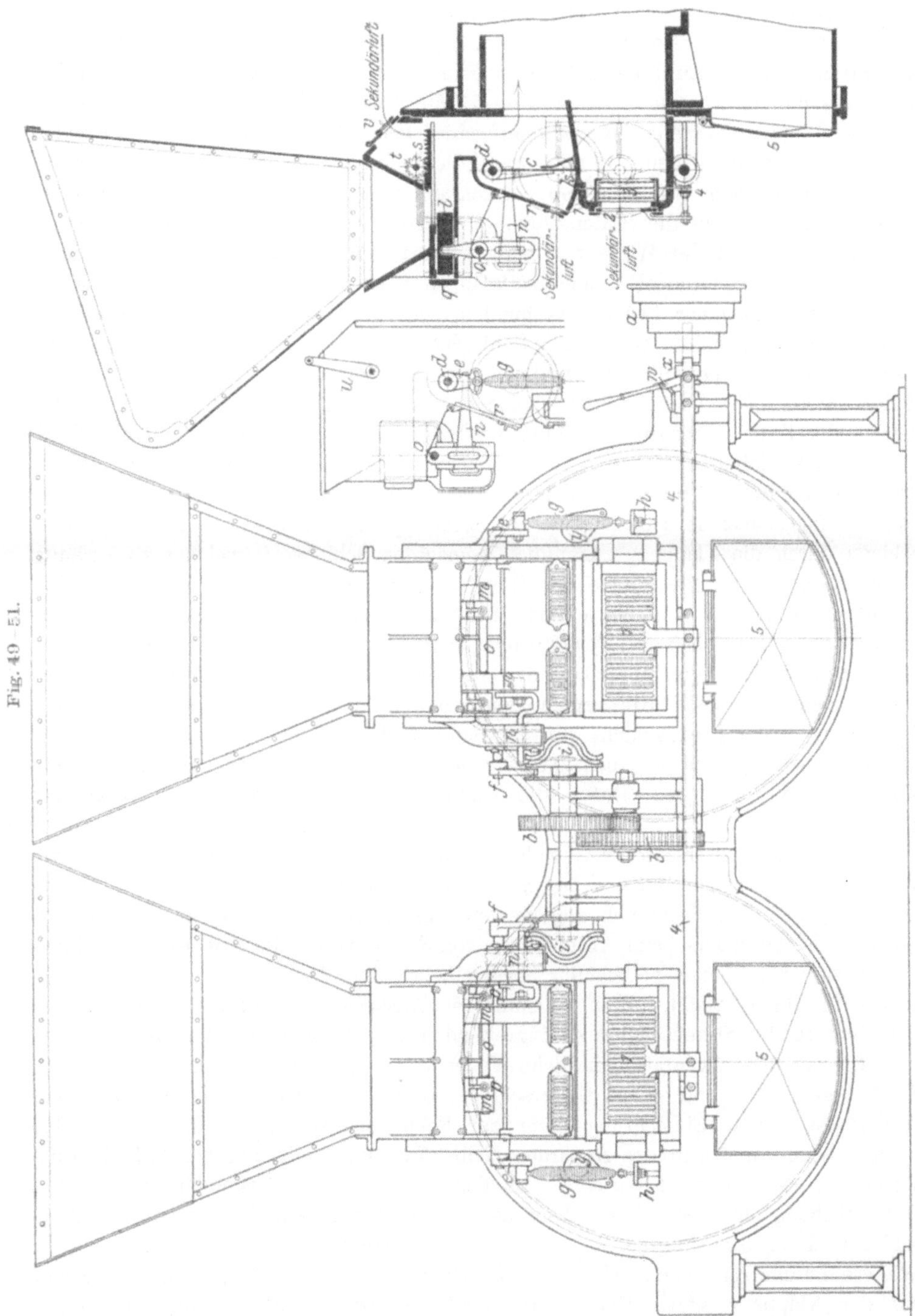

Fig. 49–51.

Zu erwähnen ist schließlich noch als Nachtrag zu allen drei Einrichtungen, daß, während bei denen von Schmidt und Kowitzke die Sekundärluftklappe schon beim Öffnen der Feuertür mit aufgeht, dies bei Topf erst beim Schließen der letzteren der Fall ist.

Endlich ist noch die bei Gruppe VII zur Verwendung gekommene Einrichtung für mechanische Rostbeschickung von J. A. Topf & Söhne, Erfurt, kurz zu beschreiben. Der von der Firma mit der Bezeichnung „Katapult" belegte Apparat ist aus den Fig. 47 und 48 in seinem Zusammenbau mit dem Versuchskessel ersichtlich, während die Fig. 49—51 die Einzelheiten näher erkennen lassen.

Der Apparat besteht aus zwei auf einer gemeinsamen Grundplatte sitzenden Beschickungsvorrichtungen. Zum Antrieb diente im vorliegenden Fall ein Elektromotor, von welchem die Bewegung durch ein an der Kesselstirnwand montiertes Zwischenvorgelege auf die Stufenscheibe *a* übertragen wurde. Die Beschickung erfolgt durch das auf der Welle *d* befestigte Wurfblech *c*. Die Welle *d* trägt außen einerseits einen Federhebel *e*, anderseits einen Schlaghebel *f*. Ersterer ist mittels Drehgelenkes mit einer Feder *g* verbunden, welche an der Konsole *h* durch eine Spannmutter festgehalten wird. Der Schlaghebel *f* greift in die Schlagscheibe *i* ein, welche mit drei verstellbaren Stahlknaggen versehen ist und durch das doppelte Rädervorgelege *b* von der Stufenscheibe *a* in Drehung versetzt wird. Durch die hierbei der Feder *g* erteilte Spannung wird die vor das Wurfblech *c* auf die Wurfplatte *k* herabfallende Kohle in den Feuerraum geschleudert und zwar, da die Stahlknaggen dreimal verschieden hoch sind, auch dreimal verschieden weit. Über dem Wurfmechanismus befindet sich der Speiseapparat. Er besteht aus einem rechteckigen durch die Klappe *q* zugänglich gemachten Schieber *l*, welcher zwangläufig durch die auf der Welle *o* sitzenden Hebel *m* und den Winkelhebel *n* bewegt wird. Letzterer greift mit der einen Seite in den an der Schlagscheibe *i* befestigten Kurvenring ein, welcher drei verschiedene Kurven enthält, so daß durch die Drehung dieses Ringes der Vorschub von *l* dreimal verschieden ausfällt. Auf diese Weise werden dem Wurfblech drei verschieden große Mengen Kohle zugeführt, wodurch ein Ansteigen der Brennschicht von der Schürplatte nach der Feuerbrücke zu veranlaßt werden soll, um so einem Abbrennen auf dem hinteren Teil des Rostes nach Möglichkeit vorzubeugen. Durch die Klappe *r* ist der Schaufelraum zugänglich gemacht.

Mit dem Absperrschieber *s*, welcher durch die Zahnräder *t* und den außerhalb des Gehäuses sitzenden Hebel *u* bewegt werden kann, läßt sich die Kohlenzufuhr zu jedem Apparat dem Verbrauch angemessen einstellen oder auch ganz unterbrechen. Letzteres ist besonders beim Abschlacken von Wert, da auf diese Weise die Kohlenzufuhr zu einem Feuer vollständig abgestellt werden kann, während sie für das andere im Gange bleibt. Zum vollständigen Ausschalten dient der Hebel *w*, der mit einer in die Stufenscheibe *a* eingreifenden Kupplung *x* versehen ist.

Die an dem Apparat befindliche Feuertür ist in gleicher Weise wie die auf S. 46 beschriebene mit einem Gitterschieber und einem Einsatz von Drahtgeflecht ausgerüstet. Diese Einrichtung dient zur Sekundärluftzufuhr in der Weise, daß letztere beim Einrücken des Apparates selbsttätig angestellt und bei Außerbetriebsetzung ebenso abgestellt wird, so daß das Zuströmen von Sekundärluft bei einer Unterbrechung der Beschickung ebenfalls aufhört. Zu diesem Zwecke ist der Gitterschieber durch die Stange 4 mit dem Ausrückhebel in Verbindung gebracht. Weitere Zufuhr von Sekundärluft kann durch einen Gitterschieber erfolgen, welcher auf der Klappe *r* sitzt. Diese Luft dient gleichzeitig zur Kühlung derjenigen Teile, welche der Feuerbestrahlung am stärksten ausgesetzt sind. Endlich kann auch noch Sekundärluft, wie angedeutet, von oben durch den Gitterschieber *v* zugeführt werden.

Zu erwähnen ist schließlich noch, daß die Wurfweite des Apparates mit Hilfe der verschiebbaren Stahlknaggen verschiedenen Rostlängen angepaßt werden kann.

B. Ergebnisse der Versuche.

Die Ergebnisse der Versuche sind in den Zahlentafeln 13—26, sowie in den zugehörigen graphischen Darstellungen der Fig. 52—82 und in den Rauchübersichten, Tafeln I—XIV, zusammengestellt, jedoch nicht in der Reihenfolge der Versuchsdurchführung, sondern geordnet nach den verschiedenen Kohlensorten und den dabei zur Anwendung gekommenen Belastungsstufen. Die Versuche mit Handbeschickung und mit mechanischer Beschickung sind je für sich behandelt.

Die Ergebnisse der letzteren zeigt Zahlentafel 26, ergänzt durch die Fig. 77 bis 82 und die Rauchübersichten in Tafel XIV.

Für Handbeschickung enthalten die Zahlentafeln 13—15 die mit englischer Gaskohle Westhartley-Main durchgeführten Versuche, und zwar je bei 18, 24 und 30 kg Kesselbelastung. Dabei sind die einzelnen Zahlentafeln in sich geordnet:

1. nach der Art der Feuerungseinrichtung und
2. nach der hierbei durchgeführten Arbeitsweise bzw. dem Luftüberschuß.

Zur besseren Übersicht sind die Wärmebilanzen dieser Versuche in der Reihenfolge des jeweiligen Luftüberschusses am Flammrohrende in den Fig. 52—55 graphisch zur Darstellung gebracht. Ebenso sind die Rauchbeobachtungen in den Tafeln I—III aufgetragen.

In gleicher Weise enthalten die Zahlentafeln 16—18 die mit westfälischer Förderkohle Rhein-Elbe und Alma durchgeführten Versuche und die Zahlentafeln 19—21 diejenigen mit englischer Gasförderkohle New-Pelton-Main. Die graphische Darstellung der Wärmebilanzen zeigen die Fig. 56—58 bzw. 59—61, und die Rauchübersichten geben die Tafeln IV—VI bzw. VII—IX wieder.

Zahlentafel 22 enthält noch die Ergebnisse einiger bei 12 kg Belastung durchgeführten Versuche, deren Wärmebilanzen in den Fig. 62 und 63 dargestellt sind, während aus Tafel X die beobachtete Rauchentwicklung ersichtlich ist.

Eine zweite Zusammenstellung der Versuchsergebnisse für die drei verwendeten Kohlensorten zeigen ferner die Zahlentafeln 23—25. Während durch die Anordnung in den Zahlentafeln 16—23 bezweckt wird, den Unterschied zum Ausdruck zu bringen, welcher bei den einzelnen Belastungsstufen durch verschiedene Feuerungseinrichtungen und verschiedene Arbeitsweise bzw. verschiedenen Luftüberschuß eintritt, sollen diese Zusammenstellungen die Änderungen zeigen, welche der Wechsel in der Belastung bei unter sich gleicher Arbeitsweise bedingt. Sie sind deshalb zwar gleichfalls nach den verschiedenen Feuerungseinrichtungen geordnet, jedoch sind in jeder Unterabteilung nur solche Versuche zusammengestellt, welche mit annähernd gleichem Luftüberschuß bei den verschiedenen Kesselbelastungen zur Durchführung kamen. Auch diesen Zahlentafeln ist in den Fig. 64—68, 69—72 und 73—76 je eine graphische Übersicht der Wärmebilanzen in der Reihenfolge der Belastungsstufen, sowie in den Tafeln XI—XIII die Aufzeichnung der Rauchbeobachtungen beigegeben.

Zu den graphischen Darstellungen der jeweiligen Wärmeverteilung ist noch zu bemerken, daß darin zunächst die Linienzüge für die Gesamtausnutzung aufgezeichnet sind. Ebenso ist der Verlauf der Abwärmeverluste besonders eingetragen. Die über der Ausnutzungslinie verbleibende Fläche ist sodann durch drei weitere Linienzüge von unten nach oben geteilt, in den Verlust durch Abwärme, durch Unverbranntes in den Abgasen (unverbrannte Gase und Ruß), durch Leitung und Strahlung und durch Rückstände. Der Deutlichkeit halber ist die Fläche, welche den Verlust durch Unverbranntes in den Abgasen (in den Figuren als Verlust durch unvollkommene Verbrennung bezeichnet) darstellt, jeweils schraffiert.

Die durchgeführten Versuche sollen nun im folgenden gruppenweise näher erläutert werden, und zwar zunächst diejenigen mit dem gewöhnlichen Planrost.

a) Versuche mit dem gewöhnlichen Planrost.

Die in Gruppe II vorgenommenen Versuche kamen hinsichtlich der Bedienungsweise des Rostes zum größeren Teil[1]) genau unter den gleichen Verhältnissen zur Durchführung, wie dies nachher für die Einrichtungen mit regelbar erfolgender Sekundärluftzufuhr geschah. Die Kohle wurde in beiden Fällen in gleichmäßig flacher Schicht auf den ganzen Rost von hinten bis vorne aufgeworfen, so daß dieser überall gut bedeckt war. Dabei erfolgte das Aufwerfen ziemlich regelmäßig in Mengen von vier bis sieben mäßigen Schaufeln bei einer Schichthöhe von 10—12 cm. Zugstärke und Arbeitspausen wurden so eingehalten, daß der Rost nie zu stark abbrannte und immer ein gutes Grundfeuer verblieb. Die Beschickungspausen betrugen durchschnittlich ca. 7—10 Minuten. Bei der Einstellung der Zugstärke ging das Bestreben dahin, die jeweils erforderliche Dampfmenge möglichst wirtschaftlich zu erzeugen, also die Summe der Verluste durch Abwärme und durch unvollkommene Verbrennung dem beim gewöhnlichen Planrost ohne besondere Einrichtungen erreichbaren Mindestmaß möglichst nahe zu bringen. Auf diese Weise ließ sich gleichzeitig für gasreiche Kohle das bei Einhaltung der oben geschilderten einfachen Feuerführung auftretende gegenseitige Verhältnis dieser beiden Verluste und ihre Bedeutung für die Ausnutzung feststellen. (Zur weiteren Klarstellung des wechselseitigen Zusammenhanges dieser Verluste und der Änderung mit der Feuerführung bezw. dem Luftüberschuß kamen besondere auf S. 62 u. f. erörterte Versuche zur Durchführung). Das Durchstoßen bzw. Ausgleichen der Feuer geschah nach Bedarf; man war bestrebt, solches durch gleichmäßige Bedeckung beim Aufwerfen nach Möglichkeit einzuschränken. Bei der Westhartleykohle war infolge ihres günstigen Verhaltens im Feuer nur selten Nachhilfe erforderlich; dagegen mußte bei der westfälischen Kohle Rhein-Elbe und Alma öfter und bei der zum Backen neigenden New-Peltonkohle fast vor jedem Aufwerfen ein Lockern bzw. Ausgleichen des Feuers stattfinden.

Die so durchgeführten Versuche sind, für jede Kohlensorte nach den Belastungsstufen geordnet, in den ersten Unterabteilungen der Zahlentafeln 23—25 zusammengestellt. Die entsprechenden graphischen Darstellungen der Wärmebilanzen zeigen die Fig. 64, 69 und 73, und die Rauchübersichten finden sich in den ersten Gruppen der Tafeln XI, XII und XIII. Wie ersichtlich, erzielte man auf die angegebene Weise sehr geringen mittleren Luftüberschuß, dieser blieb am Flammrohrende durchweg unter 20, am Kesselende unter 40 v. H. Der mittlere Kohlensäuregehalt an ersterer Stelle schwankte zwischen 14,1 und 15,5 v. H., an letzterer Stelle zwischen 12,5 und 13,8 v. H. Gleichzeitig trat aber unmittelbar nach dem Aufwerfen immer unvollkommene Verbrennung und damit starke Rauchbildung ein, welche mit der Kessel- bzw. Rostanstrengung sich steigerte. Letztere bewegte sich bei den Versuchen mit Westhartleykohle zwischen 43 und 163 kg Brenngeschwindigkeit pro qm Rostfläche und Stunde, bei der westfälischen Kohle Rhein-Elbe und Alma zwischen 41 und 113 kg und bei der New-Peltonkohle zwischen 40 und 106 kg.

Die Größe der Verluste durch unvollkommene Verbrennung und ihre Veränderung mit der Belastung sind aus den Fig. 64, 69 und 73 sehr deutlich ersichtlich. Sie schwankten bei der Westhartleykohle im Mittel aus den Doppel-

[1]) Siehe Seite 59—61.

versuchen zwischen ca. 5 und 12,5 v. H., bei der westfälischen Kohle zwischen ca. 5,5 und 9,5 v. H. und bei der englischen Kohle New-Pelton zwischen ca. 3,5 und 9,5 v. H. Die größten Verluste traten demnach auch bei der gasreichsten Kohle Westhartley-Main auf, während sie bei den beiden andern Sorten, die sich an Gasgehalt ziemlich gleichkommen, nur wenig Verschiedenheit aufwiesen. Die New-Peltonkohle, deren Gehalt an flüchtigen Bestandteilen etwas weniger hoch steigt (vgl. Zahlentafel 3 und 4), zeigte zum Teil auch etwas geringere Verluste als die verwendete westfälische Kohle. Der höchste beobachtete Wert mit 14,8 v. H. bei der Westhartleykohle trat ein bei 30 kg Kesselbelastung und einer Rostanstrengung von 125 kg (Versuch II, 14, Zahlentafel 23). Bei dem daneben aufgeführten Versuch VI, 13 ergab sich trotz kleineren Rostes und dementsprechend größerer Brenngeschwindigkeit (163 kg pro qm Rostfläche und Stunde) doch ein kleinerer Verlust von 10,4 v. H.; es lag dies daran, daß die Kohle etwas mullhaltiger war, und daß mit etwas höherem Luftüberschuß gearbeitet wurde. Dieser ergab sich am Flammrohrende zu im Mittel 9 v. H., während im ersten Fall die zugeführte Luftmenge nach der Rechnung im Mittel eben dem notwendigen Mindestmaß entsprach. Die Zahlen zeigen, daß besonders bei den höheren Belastungen der Verlust durch unvollkommene Verbrennung auch beim Flammrohrkessel einen recht erheblichen Wert annehmen kann. Mit Ausnahme der westfälischen Kohle, bei welcher ein ständiges Ansteigen dieses Verlustes mit der Belastung beobachtet wurde, trat dessen kleinster Wert bei 18 kg Kesselbelastung auf. Er wuchs von hier aus mit zu- und abnehmender Belastung, auf welche Erscheinung später noch eingegangen wird (siehe S. 61 u. 62). In umgekehrter Weise bewegte sich bei allen drei Kohlensorten die Ausnutzung, sie war am größten bei 18 kg Kesselbelastung und betrug hierbei:

für die	engl.	Kohle	Westhartley	72,5	v. H.
„ „	westf.	„	Rhein-Elbe	75,1	„ „
„ „	engl.	„	New-Pelton	75,7	„ „

sie sank bei 30 kg Kesselbelastung in derselben Reihenfolge auf

65,2 v. H.
67,1 „ „
und 68,8 „ „

also um 7—8 v. H.

In gleicher Aufeinanderfolge wurden bei 12 kg Belastung folgende Werte erhalten:

70,8 v. H.
71,6 „ „
und 70,9 „ „

Die drei Zahlenreihen zeigen, daß die Ausnutzung bei der stark gashaltigen Kohle Westhartley durchweg geringer war als bei den beiden andern Sorten. Von den letzteren wies die New-Peltonkohle etwas günstigere Werte auf, doch ist der Unterschied kaum nennenswert.

Wenn nun trotz der stark unvollkommenen Verbrennung und der in Verbindung damit auftretenden kräftigen Rauchentwicklung immerhin noch ganz günstige Ausnützungsziffern sich ergaben, so lag das an dem infolge des geringen Luftüberschusses sehr niedrigen A b w ä r m e v e r l u s t, welcher

für die	Westhartley-Kohle	zwischen	12	und	16	v. H.
„ „	Rhein-Elbe-	„	„	11	„	17	„ „
„ „	New-Pelton-	„	„	10	„	16	„ „

schwankte. Der Rest an nicht nachgewiesener Wärme (Verlust durch Leitung und Strahlung) bewegte sich zwischen 3 und 7,5 v. H. (siehe Fußbemerkung S. 23). Die größten Werte hierfür traten ein bei 12 kg Kesselbelastung.

Im Vergleich zu diesen Versuchen mit gleichmäßiger Bedeckung des Rostes in flacher Schicht wurden nun für die Westhartleykohle bei 18 kg Kesselbelastung auch einige Versuche durchgeführt, bei denen man die Kohle nach vorherigem Zurückschieben der Glut nur auf den vorderen Teil des Rostes aufwarf. Die Ergebnisse dieser Versuche (VI, 3, VI, 9 und II, 15) sind aus der zweiten Unterabteilung der Zahlentafel 13, sowie aus Fig. 53 ersichtlich, die Rauchübersichten zeigt Tafel I.

Das Bestreben ging bei diesen Versuchen besonders dahin, festzustellen, wie sich bei ähnlich geringem Luftüberschuß die Vollkommenheit der Verbrennung bzw. die Rauchentwicklung gegenüber den eben besprochenen Versuchen gestalte. Allerdings mußte bei dieser Arbeitsweise stärkerer Zug zur Anwendung kommen, als dies bei dem entsprechenden Versuch II, 1 (Zahlentafel 13) mit flachem Feuer der Fall gewesen war, was sich schon mit Rücksicht auf die höhere Schicht als nötig erwies.

Bei dem Versuch VI, 3 kam sogenanntes Kopffeuer, wie es insbesondere auf Schiffen vielfach üblich ist, zur Anwendung. Die Kohle wurde in Pausen von ca. 40 Minuten auf die vordere Hälfte des Rostes in vollen Schaufeln ziemlich hoch aufgeworfen. In der Zwischenzeit schob man die schon durchgebrannte obere Schicht des Kopfes teilweise zurück, um das Auftreten leerer Stellen auf der hinteren Rosthälfte zu vermeiden, und wiederholte dies nach Bedarf. Dabei wurde der noch verbleibende Kopf zur Herbeiführung rascheren Durchbrennens etwas gelockert. Das nächste Aufwerfen erfolgte unmittelbar nach dem letzten Zurückschieben. Auf diese Weise erzielte man zwar, wie die betreffende Rauchübersicht in Tafel I zeigt, längere Perioden völliger Rauchlosigkeit, allein wenn auch im Durchschnitt weniger Rauch zum Vorschein kam als bei Versuch II, 1 (vgl. die Übersichten in Tafel I), so verursachte doch sowohl beim Zurückschieben als beim Aufwerfen die auftretende rasche Gasentwicklung infolge des Mangels an Luft während dieser Zeiten stark unvollkommene Verbrennung und kräftige Rauchbildung. Diese hielt nach dem Zurückschieben allerdings immer nur kurze Zeit an, während sie nach dem Aufwerfen bei allmählicher Abnahme von längerer Dauer war. Sehr starke Rauchbildung trat im Anschluß an das Abschlacken auf. Die Feuer mußten zu letzterem Zweck niederbrennen und deshalb nachher wieder hochgebracht werden, wobei natürlich öfteres Arbeiten nötig wurde.

Bei dieser Art des Kopfheizens betrug der erzielte Kohlensäuregehalt 12,7 am Flammrohrende bzw. 11,5 v. H. am Kesselende, entsprechend 30 bzw. 43 v. H. Luftüberschuß. Der Verlust durch unvollkommene Verbrennung ermittelte sich zu ca. 8 v. H., wovon der Hauptanteil mit ca. 7 v. H. auf unverbrannte Gase entfiel[1]). Die Rostanstrengung ergab sich zu rund 69 kg. Bei Versuch II, 1 mit flachem Feuer hatte sich obiger Verlust zu nur ca. 5 bis 6 v. H. gefunden. Dabei belief sich die Ausnutzung auf rund 72,5 v. H., während sie jetzt nur zu rund 68,2 v. H. festgestellt wurde.

Der zweite dieser Versuche, VI, 9, kam in der Weise zur Durchführung, daß man auf dem hinteren Teil des Rostes eine hohe Glutschicht hielt, so daß nach

---

[1]) Hierzu ist zu bemerken, daß in diesem Falle, wie auch beim nächsten bei der stark periodisch auftretenden Rauchentwicklung der Rußbestimmung eine vermehrte Unsicherheit anhaftete, so daß es nicht ausgeschlossen ist, daß dieser Verlust etwas größer war, als in den Tabellen angegeben, worauf auch der höhere Rest an nicht nachgewiesener Wärme hindeuten würde.

dem Aufwerfen ein ziemlich ebenes Feuer vorhanden war, im Gegensatz zu VI, 3, wo ein Abfall nach hinten stattgefunden hatte. Das Aufwerfen erfolgte in etwas kürzeren Pausen von ca. 20—30 Minuten meist unmittelbar nach dem Zurückschieben, wobei der Zugschieber in der Regel für einige Minuten etwas mehr geöffnet wurde. Mit Ausnahme der Zeit von 9—11 Uhr trat, wie die Rauchübersicht in Tafel I zeigt, trotz höheren Kohlensäuregehaltes, also geringeren Luftüberschusses — 17 v. H. am Flammrohrende gegen 30 v. H. bei VI, 3 —, weniger Rauch auf. Die Rauchstärken über 2 (heller grauer Rauch) beschränkten sich mit oben erwähnter Ausnahme immer nur auf einen kurzen Augenblick unmittelbar nach dem Zurückschieben bzw. Aufwerfen. Der Verlust durch unvollkommene Verbrennung war noch zu 4,7 v. H. festgestellt worden gegenüber 7,9 v. H. bei VI, 3 und die Ausnutzung war auf 73,5 v. H. gestiegen, hatte sich also noch etwas höher ergeben als bei Versuch II, 1. Letzterem Versuch gegenüber ist die Rauchentwicklung zwar entschieden geringer, allein trotzdem konnte bei beiden Versuchen nur ein kleiner Unterschied des Verlustes durch unvollkommene Verbrennung festgestellt werden, was daher rührt, daß die bei solcher Feuerführung erforderliche hohe Brennstoffschicht zu einem nicht unbeträchtlichen Verlust in unverbrannten Gasen, der für das Auge unsichtbar erfolgt, Anlaß geben kann.

Bei dem in Zahlentafel 13 zuletzt aufgeführten der drei Versuche, II, 15, wurden die Beschickungspausen im Vergleich zu VI, 9 noch kürzer und die Feuerschicht etwas weniger hoch gehalten. Im übrigen war die Arbeitsweise ähnlich wie bei letzterem Versuch. Die vorne aufgeworfene Kohle wurde zwischen einer Beschickung und der anderen etwas gelockert und zugleich eine Schaufel frischer Kohle nach hinten geworfen. Die Rauchbildung war bei wenig höherem Luftüberschuß als bei VI, 9 — 20 gegen 17 v. H. am Flammrohrende — wieder stärker geworden, wenn sie auch immerhin erheblich geringer ausfiel als bei II, 1. Der Verlust durch unvollkommene Verbrennung ermittelte sich zu rund 7,5 v. H., was zur Hauptsache gleichfalls von dem verhältnismäßig starken Auftreten unverbrannter Gase herrührte. Die Ausnutzung war bei II, 15 wieder auf 68,8 v. H. zurückgegangen, lag also um 4,7 v. H. niedriger als bei VI, 9 und 3,7 v. H. unter der von II, 1. Gegen VI, 3 ergab sie sich nur wenig höher.

Der Umstand, daß die bei den vorstehend erörterten Versuchen angewandte Art der Feuerführung (höhere Schicht und teilweise Beschickung des Rostes mit frischem Brennstoff) zu nicht unbeträchtlichen Verlusten durch unverbrannte Gase Anlaß geben kann, wird auch durch die Versuche bei 12 kg Kesselbelastung (II, 19, II, 18, II, 16 und II, 17) bestätigt. Bei diesen wurde in ganz ähnlicher Weise gearbeitet wie bei Versuch II, 15. Die Ergebnisse sind aus Zahlentafel 22, sowie aus Fig. 62, S. 75 ersichtlich. Die Rauchübersichten, welche insbesondere eine größere Gleichmäßigkeit aufweisen, finden sich in Tafel X. Die höheren Rauchstärken kamen in Fortfall, weil bei den geringen Rostanstrengungen von 37 bis 43 kg pro qm Rostfläche und Stunde gegenüber ca. 70 bei den Versuchen VI, 3, VI, 9 und II, 15, die Glut bis zum Zurückschieben besser durchbrennen konnte. Dabei schwankten die Verluste durch unvollkommene Verbrennung zwischen 5,4 und 8,3 v. H., wovon 3,2 bis 6,7 v. H. auf unverbrannte Gase entfielen, während sich im Ruß 1,6 bis 2,2 v. H. fanden. Diese Verluste waren trotz der geringeren Rauchentwicklung bei der Westhartley- und der New-Peltonkohle größer als bei den mit ähnlichem Luftüberschuß durchgeführten Versuchen bei 18 kg. Nur bei der westfälischen Kohle ergab sich der Verlust ein klein wenig geringer. (Siehe auch die Zahlentafeln 23, 24 und 25, sowie die Fig. 64, 69 und 73.) Da indessen auch der Rest an nicht nachgewiesener Wärme durchweg eine Zunahme aufweist, so sind die Ausnutzungsziffern für alle drei Kohlensorten kleiner als bei der 18 kg Belastungsstufe.

Wenn demnach auch bei schwachen Belastungen durch derartige Feuerführung anscheinend ein ziemlich beträchtlicher Rückgang der Rauchbildung herbeizuführen ist, so können doch noch recht erhebliche Verluste in unverbrannten Gasen sich ergeben, deren Auftreten dadurch begünstigt wird, daß bei den geringen Rostanstrengungen mit sehr wenig Zug gearbeitet werden muß, falls man geringen Luftüberschuß und niedrigen Abwärmeverlust erzielen will, wobei dann bei gashaltiger Kohle nur noch ein Schwelen der Feuer stattfindet. Daß übrigens solche Arbeitsweise verhältnismäßig ziemlich hohe Anforderungen an die Aufmerksamkeit und Geschicklichkeit des Heizers stellt, darf nicht unerwähnt bleiben.

Eine Anzahl weiterer Versuche mit dem gewöhnlichen Planrost kam in Gruppe VI unter Verwendung verschieden hohen Luftüberschusses zur Durchführung, um dessen gleichzeitigen Einfluß auf die Vollkommenheit der Verbrennung und die Rauchentwicklung, sowie auf die Ausnutzungsverhältnisse für gasreiche Kohle klarzulegen. Dabei wurde im Interesse möglichst einfacher Bedienungsweise der Rost auf seine ganze Länge gleichmäßig beschickt und der verschieden hohe Luftüberschuß durch mehr oder weniger gutes Bedeckthalten der Seiten des Rostes bewirkt.

Mit der englischen Kohle Westhartley-Main nahm man solche Versuche bei jeder der Belastungsstufen 18, 24 und 30 kg vor[1]), während man sich bei der westfälischen Kohle Rhein-Elbe und der englischen Kohle New-Pelton darauf beschränkte, je einen solchen Versuch bei 24 bzw. 18 kg Kesselbelastung durchzuführen.

Die Ergebnisse der Versuche mit Westhartleykohle sind aus den ersten Unterabteilungen der Zahlentafeln 13, 14 und 15 ersichtlich, während die mit der westfälischen Kohle und der englischen Kohle New-Pelton gewonnenen Werte in gleicher Weise den Zahlentafeln 17 und 19 zu entnehmen sind. Sie finden sich dort mit den einzelnen unter gleichen Belastungsverhältnissen bei völlig gleichmäßiger Rostbedeckung durchgeführten Versuchen zusammengestellt, welche auch in den ersten Unterabteilungen der Zahlentafeln 23, 24 und 25 enthalten sind und bereits früher eine Besprechung erfuhren. Außerdem sind die Versuche mit Westhartleykohle, mit Ausnahme des bei sehr hohem Luftüberschuß durchgeführten Versuches VI, 1 (Zahlentafel 13), nach der Kesselbelastung geordnet in die zweite Unterabteilung der Zahlentafel 23 aufgenommen. Die zugehörigen graphischen Darstellungen der Wärmeverteilung in gleicher Nebeneinanderstellung sind den Fig. 52, 54, 55, 57 und 59, sowie der Fig. 65 zu entnehmen, während die Rauchübersichten in den Tafeln I—III, V, VII und XI zu finden sind. Wie hier gleich erwähnt sein mag, sind in den Fig. 52—61 die Wärmebilanzen derart geordnet, daß zunächst mit abnehmendem Luftüberschuß, also von rechts nach links, die Versuche mit dem gewöhnlichen Planrost ohne Sekundärluftzufuhr aufeinander folgen, und daß hieran von links nach rechts anschließend mit zunehmendem Luftüberschuß die Versuche mit Sekundärluftzufuhr folgen, welche auf S. 65 u. f. eingehend behandelt werden. Die Ergebnisse, besonders auch die mit dem gewöhnlichen Planrost erzielten, sind dadurch leicht vergleichbar.

Man erkennt sowohl aus den Rauchübersichten als aus den sonstigen graphischen Darstellungen, daß es durch unvollständiges Bedecken der Seiten des Rostes

[1]) Von weiteren Versuchen mit 12 kg Belastung wurde abgesehen, da die hierbei auftretenden Rostanstrengungen Ausnahmewerte darstellen, die ein weitgehenderes praktisches Interesse nicht haben.

Fig. 52—55.

Änderung der Wärmeverteilung mit der Arbeitsweise bzw. der Regelung der Luftzufuhr, „Westhartley-Main“.

Additional material from *Feuerungsuntersuchungen des Vereins für Feuerungsbetrieb und Rauchbekämpfung in Hamburg, durchgeführt unter der Leitung des Vereinsoberingenieur und Berichterstatters,*
ISBN 978-3-642-89790-0 (978-3-642-89790-0_OSFO7),
is available at http://extras.springer.com

Fig. 56—61.

Änderung der Wärmeverteilung mit der Arbeitsweise bzw. der Regelung der Luftzufuhr, „Rhein-Elbe und Alma“, „New-Pelton-Main“.

Additional material from *Feuerungsuntersuchungen des Vereins für Feuerungsbetrieb und Rauchbekämpfung in Hamburg, durchgeführt unter der Leitung des Vereinsoberingenieur und Berichterstatters,*
ISBN 978-3-642-89790-0 (978-3-642-89790-0_OSFO8),
is available at http://extras.springer.com

möglich ist, die Rauchentwicklung ganz erheblich zu vermindern, und zwar um so mehr, je höher dadurch der Luftüberschuß wird. Dabei handelt es sich nicht etwa um Rauchverdünnung, sondern es tritt tatsächlich unmittelbar nach dem Aufwerfen infolge Verminderung des Luftmangels vollkommenere Verbrennung ein. Hierdurch erfährt zwar der Verlust durch unvollkommene Verbrennung, wie die Wärmebilanzen zeigen, eine Einschränkung; gleichzeitig nimmt aber auch der Abwärmeverlust erheblich zu, was sich aus dem Umstand erklärt, daß nach der Entgasung, also zur Zeit des geringsten Luftbedarfes im Feuerraum, der Luftzutritt infolge weiteren Abbrandes des Feuers noch mehr anwächst und hoher Luftüberschuß sich einstellt. Eine solche Bedienungsweise ist ohne fortwährende Untersuchung der Heizgase sehr schwer kontrollierbar und erfordert ganz erheblich mehr Sorgfalt und Aufmerksamkeit seitens des Heizers, als dies bei der Feuerführung der Fall ist, welche für die Versuche der Gruppe II (siehe hierüber S. 58) zur Anwendung kam. Namentlich bei der Regulierung der Seitenausdehnung des Feuers muß sehr sorgfältig verfahren werden, wenn nicht sofort wieder periodisch starke Rauchbildung nach der Beschickung oder übermäßig hoher Luftüberschuß nach der Entgasung auftreten soll. Ähnlich liegen die Verhältnisse bei dem auch zuweilen geübten teilweisen Freilassen des Rostes vorne oder nach der Feuerbrücke hin.

Besonders interessant ist nun die eintretende Gesamtänderung der Wärmebilanzen bzw. der Ausnutzungsziffern bei der Westhartleykohle.

Bei 18 kg Belastung (Zahlentafel 13 bzw. Fig. 52) findet mit abnehmendem Luftüberschuß trotz Zunahme des Verlustes durch unvollkommene Verbrennung und der Rauchentwicklung (siehe Tafel I) dauerndes Anwachsen der Ausnutzung statt, was daher rührt, daß hierbei die Zunahme des letztgenannten Verlustes erheblich hinter der Abnahme des Abwärmeverlustes zurückbleibt. Der Verlust durch unvollkommene Verbrennung wächst von

0,9 v. H. bei 167 v. H. Luftüberschuß am Flammrohrende
(191 v. H. am Kesselende)
auf 5,5 v. H. bei 17 v. H. Luftüberschuß am Flammrohrende
(30 v. H. am Kesselende),

während gleichzeitig der Abwärmeverlust

von 27,9 auf 13,3 v. H.

zurückgeht. Die Ausnutzung wächst mit der Abnahme des Luftüberschusses von 57,9 auf 72,5 v. H., was einer Verringerung des Kohlenverbrauchs um ca. 20 v. H. entspricht.

Bei 24 kg Kesselbelastung (Zahlentafel 14 bzw. Fig. 54) bleibt sich bei 39 und 11 v. H. Luftüberschuß am Flammrohrende (66 und 23 v. H. am Kesselende) trotz verschieden starker Rauchentwicklung (siehe Tafel II) die Ausnutzung ziemlich gleich. Der Verlust durch unvollkommene Verbrennung einschließlich desjenigen durch Leitung und Strahlung steigt von rund 10,2 auf 13,2 v. H., während die Abwärme sich von 18,9 auf 15,9 v. H. vermindert. Die Ausnutzung beträgt im ersten Fall 68,6 im zweiten 68,3 v. H.

Bei 30 kg Kesselbelastung endlich (Zahlentafel 15 bzw. Fig. 55) hat eine Abnahme des Luftüberschusses von 54 auf 5 v. H. am Flammrohrende oder von 65 auf 19 v. H. am Kesselende einen Rückgang der Ausnutzung von rund 68 auf 65,1 v. H. zur Folge. Der Verlust durch unvollkommene Verbrennung wächst von 0,7 auf 12,6 v. H., während der Abwärmeverlust sich von 21,6 auf 15,5 v. H. vermindert. Der für Leitung und Strahlung verbleibende Rest betrug 7,4 v. H. im ersten Fall und 4,9 v. H. im zweiten, so daß dem Wärmegewinn von 8,6 v. H. eine Verlustzunahme von rund 11,9 v. H. gegenübersteht. Die Verschiedenheit der Rauchentwicklung zeigt Tafel III.

Der Unterschied zwischen den vorstehend besprochenen Versuchen kommt auch in der Zusammenstellung der Zahlentafel 23, sowie in den Fig. 64 und 65 deutlich zum Ausdruck. Während in der ersten Figur die Ausnutzung beim Ansteigen der Belastung von 18 auf 30 kg Dampfentwicklung pro qm Kesselheizfläche und Stunde so ziemlich nach einer geraden Linie abnimmt, hält sie sich in Fig. 65, dem Mittelwert der in Fig. 64 erreichten Ziffern entsprechend, bei allen drei Belastungsstufen nahezu auf gleicher Höhe. Das gegenseitige Verhältnis der Zunahme des Abwärmeverlustes und der Abnahme der unvollkommenen Verbrennung läßt sich in den Figuren gut verfolgen.

Diesen Versuchen ist insbesondere zu entnehmen, daß bei gasreicher Kohle aus einer Änderung des Kohlensäuregehaltes und damit des Abwärmeverlustes nicht ohne weiteres auf eine gleichwertige Änderung der Ausnutzung geschlossen werden darf, wie dies bei Magerkohle fast ausnahmslos der Fall ist (vgl. auch S. 42 u. 43), und daß besonders bei hoher Belastung eine Zunahme des Kohlensäuregehaltes über eine gewisse Grenze hinaus unter Umständen eine Abnahme der Ausnutzung mit sich bringen kann. Im Gegensatz hierzu zeigt sich, daß bei geringeren Belastungen oder bei weniger gasreichen Kohlen trotz Zunahme der Unvollkommenheit der Verbrennung bzw. der Rauchentwicklung die Ausnutzung sich bessern kann. Dies trifft z. B., wie bereits erwähnt, zu für die Westhartleykohle bei 18 kg Kesselbelastung. Ebenso kommt es für die weniger gasreiche westfälische Kohle und für die englische Kohle New-Pelton bei 24 bzw. 18 kg Belastung in den Zahlentafeln 17 und 19, und in den Fig. 57 und 59 sowie in den zugehörigen Rauchübersichten der Tafeln V und VII deutlich zum Ausdruck.

Bei der Rhein-Elbe und Alma wächst die Ausnutzung

von 65 auf 71,6 v. H.,

der Abwärmeverlust nimmt ab

von 22,4 auf 15,9 v. H.

und der Verlust an unvollkommener Verbrennung steigt

von 0,9 auf 5,5 v. H.;

an nicht nachgewiesener Wärme verbleiben

8,8 gegen 3,9 v. H.

Bei der New-Peltonkohle sind die Unterschiede noch geringer. Die Ausnutzung erfährt eine Zunahme

von 73,25 auf 75,7 v. H.;

dabei fällt der Abwärmeverlust

von 15,5 auf 13,3 v. H.,

während die Summe des Verlustes durch Verbrennliches in den Abgasen und des Restes an nicht nachgewiesener Wärme auf ziemlich gleicher Höhe bleiben.

Bei fast allen diesen Versuchen zeigt der für Leitung und Strahlung verbleibende Wert eine Abnahme mit kleiner werdendem Luftüberschuß, was mit den bei den Magerkohleversuchen gemachten Beobachtungen übereinstimmt. Von 18 kg Belastung aufwärts verblieben hierfür bei sehr kleinem Luftüberschuß fast nie mehr als 5 v. H. des Heizwertes, höchstens 5,5, zuweilen auch nur 2,5 bis 3 v. H., während mit steigendem Luftüberschuß sich Werte bis zu 8 und 10 v. H. ergeben[1]).

---

[1]) Vgl. hierzu übrigens auch die Ausführungen auf S. 23, besonders die dortige Fußbemerkung, welche auf den Einfluß des für die spez. Wärme des überhitzten Wasserdampfes gewählten Wertes hinweist. Ferner ist noch zu bemerken, daß bei größerem Luftüberschuß eine Zunahme der Fehlerquelle besonders für die Ermittlung des Abwärmeverlustes und des Verlustes in unverbrannten Gasen und im Ruß nicht ganz ausgeschlossen erscheint.

b) Versuche mit regelbarer Zufuhr von Sekundärluft.

Zunächst kamen in Gruppe II einige Versuche mit dem gewöhnlichen Planrost in der Weise zur Durchführung, daß nach beendeter Beschickung die Feuertür nicht ganz geschlossen wurde, so daß durch den verbleibenden Spalt, dessen Größe dem Gasreichtum der Kohle entsprechend bemessen werden mußte, Sekundärluft so lange zuströmen konnte, als die Hauptgasentwicklung anhielt. Mit der zu Ende gehenden Entgasung wurde auch die Tür geschlossen. Über die hierbei geübte Art der Feuerführung ist schon auf S. 58 das nötige ausgeführt. Zur Gewinnung eines Anhaltes über das Maß der nötigen Feuertüröffnung und die Zeitdauer war die Beobachtung des Schornsteinkopfes vom Heizerstand aus möglich gemacht.

Mit jeder der drei Kohlensorten wurde ein solcher Versuch durchgeführt, und zwar mit der Westhartleykohle der Versuch II, 2 bei 18 kg, mit der westfälischen Kohle der Versuch II, 7 bei 24 kg und mit der englischen Kohle New Pelton der Versuch II, 12 bei 30 kg Kesselbelastung. Die Ergebnisse sind in den ersten Gruppen der Zahlentafeln 16, 20 und 24 mit den genau unter gleichen Verhältnissen, aber ohne Sekundärluftzufuhr durchgeführten Versuchen II, 1, II, 5, 6 und II, 10, 11 zusammengestellt. In den Fig. 52, 57 und 61 ist der Unterschied der Wärmeverteilung graphisch dargestellt, und in den Tafeln I, V und IX findet sich eine Gegenüberstellung der Rauchübersichten.

Bei allen drei Versuchen mit Sekundärluft durch die Feuertür ist ein ganz entschiedener Rückgang der Rauchentwicklung und des Verlustes durch unvollkommene Verbrennung zu erkennen.

Bei den Versuchen II, 1 und II, 2, für welche die Ermittlung des Verbrennlichen in den Abgasen noch nicht durchgeführt wurde, verminderte sich der Rest an nicht nachgewiesener Wärme (Summe der Verluste durch unvollkommene Verbrennung und durch Leitung und Strahlung) von 10,65 auf 4,55 v. H. Der Luftüberschuß erlitt allerdings eine Zunahme von 17 auf 30 v. H. am Flammrohrende, bzw. von 29 auf 42 v. H. am Kesselende. Jedoch vergrößerte sich der Abwärmeverlust nur von 13,3 auf 14,8 v. H., und die Ausnutzung stieg von rund 72,5 auf 77,9 v. H. Die Verdampfungsziffern, bezogen auf Dampf von 637 WE betrugen 7,98 und 8,6.

In gleicher Weise trat gegenüber den Versuchen II, 5, 6 bei II, 7 ein Rückgang der Summe der Verluste durch unvollkommene Verbrennung und durch Leitung und Strahlung von 9,4 auf 5,5 v. H. ein, dabei hatte sich für Versuch II, 6 noch 5,5 v. H. des Heizwertes an Verbrennlichem in den Abgasen ergeben. Der Kohlensäuregehalt ermittelte sich mit 13,4 v. H. am Kesselende bei dem Versuch II, 7 sogar noch höher als bei II, 5 und II, 6 ohne Sekundärluftzufuhr, wo er zu 12,5 bzw. 12,6 festgestellt worden war. Der Abwärmeverlust war demzufolge bei allen drei Versuchen nur wenig verschieden, und die Ausnutzung stieg von rund 71,6 auf rund 76,1 v. H. Die Verdampfungsziffern waren zu 8,3 und 8,85 ermittelt worden.

Bei den Versuchen II, 10, II, 11 und II, 12 endlich ergab II, 10 für die drei letzten Glieder der Wärmebilanz als Rest an nicht nachgewiesener Wärme 11,7 v. H. des Heizwertes. Bei Versuch II, 11 betrug diese Summe 15,9 v. H., wovon 11,5 v. H. sich als Verbrennliches in den Abgasen fanden, während bei Versuch II, 12 mit Sekundärluft letzterer Wert auf 1,4 v. H. zurückgegangen war. Der Luftüberschuß bei II, 12 hatte sich zwar, wie die betreffenden Werte in Zahlentafel 21 zeigen, gegenüber II, 11 ein wenig erhöht, im Vergleich zu dem Versuch II, 10 jedoch kaum geändert. Der Kohlensäuregehalt am Kesselende war bei II, 10 zu 12,8, bei II, 11 zu 13,2 und bei II, 12 zu 12,7 v. H. festgestellt worden. Die entsprechenden Werte für den Abwärmeverlust betrugen 17,2, 14,3 und 18,8 v. H. Für die Ausnutzung hatte sich eine Zunahme von im Mittel 68,8 auf rund 74 v. H. ergeben, und die Verdampfungsziffer war von 8,4 bzw. 8,28 auf 8,86 angestiegen.

Diese Versuche dürften klar erkennen lassen, daß die Hauptursache der bei Handbeschickung im Flammrohrkessel unmittelbar nach dem Aufwerfen eintretenden starken Rauchentwicklung weniger eine Folge zu niederer Temperatur im Feuerraum ist, sondern daß der Grund dafür, wie auch aus den auf S. 62 u. f. besprochenen Versuchen hervorgeht, in erster Linie in dem während dieser Zeit sich einstellenden Luftmangel zu suchen ist. Die sich entwickelnden Gase finden die zu ihrer Verbrennung erforderliche Luft überhaupt nicht oder erst so spät, daß sie sich bereits unter die zur Einleitung der Entzündung notwendige Temperatur abgekühlt haben. Diesen Luftmangel behebt, oder verringert wenigstens, die unmittelbar in den brennenden Gasstrom eingeführte Sekundärluft.

Die Luftzufuhr in der bei den vorstehend besprochenen Versuchen geübten Weise kann jedoch nur als ein Notbehelf angesehen werden. Die Regelung des Luftzutritts durch die Feuertür läßt sich zwar bei einiger Übung von Hand zufriedenstellend bewirken, solange nur eine geringe Anzahl von Feuern in einen gemeinsamen Schornstein münden und eine bequeme Beobachtung der auftretenden Rauchentwicklung vom Heizerstand aus möglich ist. Eine dauernd richtige Regelung erfordert indessen, wie leicht einzusehen ist, ein ganz erhebliches Maß von Aufmerksamkeit seitens des Heizers; nimmt er den Spalt zu groß oder läßt er die Tür länger offen als notwendig, so tritt natürlich Luft im Übermaß zu, wodurch die Verminderung der Rauchentwicklung auf Kosten der Ausnutzung herbeigeführt wird.

Die auf Seite 44 u. f. beschriebenen Einrichtungen, welche während der Versuchsgruppen III bis V an dem Kessel eingebaut waren, suchen nun durch selbsttätige Regelung des Abschlusses der Sekundärluft, die Luftzufuhr mit mehr Sicherheit dem wechselnden Luftbedarf anzupassen.

Bei der Durchführung der Mehrzahl der Versuche mit diesen Einrichtungen war man bestrebt, die Grenze einzuhalten, von der ab ein Rückgang der Ausnutzung sowohl mit der Verkleinerung als auch mit der Vergrößerung des Luftüberschusses eintrat, im ersteren Fall infolge Überwiegens der Zunahme des Verlustes durch unvollkommene Verbrennung über die Abnahme des Abwärmeverlustes, im letzteren Fall infolge der eintretenden Vergrößerung des Abwärmeverlustes ohne gleichzeitigen wesentlichen Wärmegewinn durch die etwas vollkommenere Verbrennung.

Diesem Grenzzustand für die einzelnen Einrichtungen und die verschiedenen Belastungsstufen dürften im allgemeinen die in den Zahlentafeln 23—25 zusammengestellten Versuche ziemlich entsprechen. Die dabei noch vorhandenen Verluste durch unvollkommene Verbrennung, deren weitere Verringerung nur durch Erhöhung des Luftüberschusses unter gleichzeitiger, stärkerer Zunahme des Abwärmeverlustes zu erreichen gewesen wäre, sind aus den Fig. 66—68, 70—72 und 74 bis 76 im Vergleich zu denjenigen ohne Sekundärluftzufuhr in den Fig. 64 und 65, 69 und 73 deutlich zu ersehen, ebenso geben die Rauchübersichten in den Tafeln XI—XIII ein gutes Bild darüber, wie weit mit den verschiedenen Arten der Sekundärluftzufuhr die Rauchentwicklung bei den einzelnen Belastungsstufen und Kohlensorten sich einschränken läßt, wenn man dabei gleichzeitig bestmöglichste Ausnutzung der Kohle erzielen will.

Einige weitere Versuche, welche mit den vorstehenden in den Zahlentafeln 13 bis 21, sowie in den zugehörigen Wärmebilanzdarstellungen und Rauchübersichten enthalten sind, hatten den Zweck zu zeigen, um wieviel etwa in den verschiedenen Fällen die Ausnutzung zurückgeht, wenn man hinsichtlich der Rauchverminderung noch mehr erreichen will.

Vergleicht man zunächst die Versuche mit selbsttätig geregelter Sekundärluftzufuhr hinsichtlich der dabei erzielten Ausnutzungsziffern insgesamt mit den unter denselben Bedienungsverhältnissen ohne Sekundärluftzufuhr durchgeführten, so zeigt sich, daß das Verhältnis durchaus ähnlich liegt, wie es bei den letzteren gegenüber den Versuchen mit Sekundärluftzufuhr durch die Feuertür gefunden wurde. Zwar konnte im Vergleich mit diesen eine weitere, zum Teil noch erhebliche Einschränkung der Rauchentwicklung erzielt werden, allein die Ausnutzungsziffern blieben in ähnlicher Höhe. Wie aus den Zahlentafeln 13, 17 und 21 und den zugehörigen Fig. 52, 57 und 61 zu entnehmen ist, war nur gegenüber einem der drei Versuche mit Luftzufuhr durch die Feuertür bei den nachher unter gleichen Verhältnissen vorgenommenen Versuchen mit den erwähnten Einrichtungen noch eine geringe Zunahme des Wirkungsgrades zu erzielen, während sich für die beiden anderen Versuche gleiche oder eher noch etwas höhere Ziffern ergeben hatten, als sie nachher erreicht wurden.

Für Westhartleykohle ist aus der Zahlentafel 23 bzw. den dazu gehörigen Fig. 64—68 zu entnehmen, daß für die Belastungsstufen von 18—30 kg Dampfentwicklung pro qm Heizfläche und Stunde[1]) die Ausnutzung für alle drei Arten der Sekundärluftzufuhr höher liegt, als sie mit dem gewöhnlichen Planrost zu erreichen ist.

Bei den mit letzterem durchgeführten Versuchen schwankten die betreffenden Ziffern für den nutzbar gemachten Teil des Heizwertes beim Arbeiten mit sehr kleinem Luftüberschuß

zwischen 72,5 und 65,2 v. H.

und beim Arbeiten mit mittlerem Luftüberschuß

zwischen 69,1 und 68,1 v. H.

Bei der Luftzufuhr von vorn (Bauart Topf) erzielte man Werte

zwischen 77,7 und 74,4 v. H.,

bei derjenigen durch die Feuerbrücke (Bauart Kowitzke)

zwischen 78,1 und 74,0 v. H.

und endlich bei der hinter der Feuerbrücke (Bauart Schmidt)

zwischen 75,7 und 70,0 v. H.

Während die mit den beiden ersten Einrichtungen erzielten Zahlen unter sich ziemlich gleich hoch liegen, sind die mit der dritten gewonnenen, mit Ausnahme des der 24 kg Belastungstufe entsprechenden Wertes, um 2—4 v. H. niedriger. Gegenüber den Versuchen ohne Sekundärluftzufuhr, aber sonst gleicher Arbeitsweise, zeigen die Abwärmeverluste nur geringe Unterschiede (teilweise sind sie gleich oder sogar noch niedriger), während die Verluste durch Verbrennliches in den Abgasen (schraffierte Flächen in den Fig.) doch erheblich kleiner geworden sind. Der Unterschied gegenüber den Versuchen mit Freilassen der Rostseiten rührt nur von dem

[1]) Versuche bei 12 kg Belastung wurden nur noch mit der Kowitzke-Feuerung unter Anwendung des mit dieser verbundenen Feuerungsreglers durchgeführt, worüber später noch einiges zu sagen ist. Vgl. hierzu auch Fußbemerkung zu S. 62.

Unterschied in den Abwärmeverlusten her, wie der Vergleich der Fig. 65 mit 66 bis 68 deutlich zeigt. Die Verluste durch Verbrennliches in den Abgasen waren bei den zwei letzten Versuchsarten ziemlich in gleicher Höhe.

Ähnliche Verhältnisse ergaben sich bei den beiden anderen Kohlensorten.

Für die westfälische Kohle Rhein-Elbe und Alma, Zahlentafel 24 bzw. Fig. 69—72, lagen die Ausnutzungsziffern beim gewöhnlichen Planrost

zwischen 71,6 und 67,1 v. H.

Mit der Luftzufuhr von vorn (Bauart Topf) erzielte man

76,6 bis 73,4 v. H.,

mit derjenigen durch die Feuerbrücke (Bauart Kowitzke)

75,8 bis 73,8 v. H.[1])

und mit derjenigen hinter der Feuerbrücke (Bauart Schmidt)

73,4 bis 70,2 v. H.

Für die englische Kohle New-Pelton (Zahlentafel 25 bzw. Fig. 73—76) sind die entsprechenden Zahlen:

75,7—68,8 v. H. beim gewöhnlichen Planrost,

78,6—73,9 „ „ bei Sekundärluftzufuhr von vorn,

78,1—73,3 „ „ „ „ durch die Feuerbrücke,

76,1—70,3 „ „ „ „ hinter der Feuerbrücke.

Auch hier sind jedesmal die Unterschiede zwischen den beiden ersten Arten der Luftzufuhr (von vorne, und durch die Feuerbrücke) hinsichtlich der Ausnutzung nur gering, während demgegenüber die mit der Luftzufuhr hinter der Feuerbrücke erzielten Werte durchweg um einige v. H. zurückbleiben, besonders bei der höchsten Belastungsstufe, worauf später noch zurückzukommen ist (siehe S. 76).

Im übrigen kommt die Zunahme der Ausnutzung durch die Zufuhr von Sekundärluft gerade bei der höchsten Belastungsstufe am meisten zum Ausdruck, weshalb auch, besonders bei der Luftzufuhr von vorn (Bauart Topf) und durch die Feuerbrücke (Bauart Kowitzke) die Ausnutzungslinien in den Fig. 66 und 67, 70 und 71, 74 und 75 einen geringeren Abfall aufweisen als in den Fig. 64, 69 und 73. Der Grund hierfür liegt darin, daß gerade bei diesen hohen Belastungen die Sekundärluftzufuhr sehr wirksam ist (siehe auch S. 74 u. 75) und der Gewinn an Wärme durch die Herbeiführung vollkommener Verbrennung erheblich mehr ausmacht als die Zunahme des Abwärmeverlustes. In den Fig. 68, 72 und 76 kommt dies, wie schon erwähnt, wenigstens in dem Übergang von 24 auf 30 kg Kesselbelastung nicht so sehr zum Ausdruck. (Vgl. hierzu auch S. 76.)

Ein sehr gutes Bild über die jeweiligen Verschiebungen der Wärmeverteilung und der gleichzeitigen Änderung der Luftüberschußverhältnisse gewähren auch die Aufzeichnungen in den Fig. 52—61, die sich im einzelnen an Hand der eingeschriebenen Erläuterungen und der zugehörigen Zahlentafeln leicht verfolgen lassen und einer weiteren Erklärung daher wohl kaum bedürfen. (Über die gewählte Art der Darstellung siehe auch die bereits auf S. 57 und 62 gemachten Bemerkungen.)

Einen besonders deutlichen Einblick in die Ursachen der Verschiebung der Ausnutzungsziffern gewähren die Fig. 52, 54, 55, 57 und 59. Verfolgt man in

[1]) Bei dem auf S. 67 (Fußbem.) erwähnten Versuch mit 12 kg Belastung ergab sich eine Ausnutzung von 78,7 v. H.

diesen, beginnend mit den Versuchen mit hohem Luftüberschuß am gewöhnlichen Planrost, die Linienzüge für die Ausnutzung, so zeigt sich ein ganz übereinstimmender Verlauf, und zwar liegen die Ausnutzungsziffern bei Zufuhr von Sekundärluft durchweg im gleichen Sinne höher als die am gewöhnlichen Planrost ohne deren Verwendung erzielten. Von Interesse ist namentlich, daß die Linienzüge für den Abwärmeverlust einen umgekehrten Verlauf aufweisen, wenn auch gewissermaßen in verkleinertem Maßstab. Daraus würde folgen, daß die aus der Sekundärluftzufuhr resultierende vollkommenere Verbrennung auch einen gewissen Einfluß auf die Abwärmeverluste ausübt. Bei gleichen Luftüberschußziffern ist letzterer, obigen Figuren zufolge, für die Versuche mit Sekundärluftzufuhr kleiner als für diejenigen ohne solche, was nur in geringeren Abgangstemperaturen seinen Grund haben kann. Eine derartige Beeinflussung der Abgangstemperaturen als Folge einer durch die vollkommenere Verbrennung über dem Rost bewirkten besseren Wärmeübertragung im Flammrohr erscheint auch durchaus nicht als ausgeschlossen; überdies hat die etwas bessere Ausnutzung für die gleiche Nutzleistung etwas geringere Rostanstrengung und damit unter sonst gleichen Umständen etwas kleineren Abwärmeverlust im Gefolge. Addiert man nun in diesen Figuren den aus ihnen ersichtlichen durch vollkommenere Verbrennung eintretenden Wärmegewinn mit dem Rückgang des Abwärmeverlustes und beachtet, daß meist auch der Rückständeverlust eine geringe Abnahme aufweist, so sind die Unterschiede in den Ausnutzungsziffern erklärt.

Die zum Zwecke einer weitgehenderen Einschränkung der Rauchentwicklung über das der erreichbaren Höchstausnutzung entsprechende Maß hinaus vorgenommenen Versuche sind ebenfalls in den vorerwähnten Figuren aufgenommen.

Es sind dies

in Gruppe III (Luftzufuhr von vorn, Bauart Topf) die Versuche III, 18, 19 und 20, durchgeführt mit jeder der drei Kohlensorten bei 24 kg Belastung und ersichtlich aus den Zahlentafeln 14, 17 und 20 sowie den Fig. 54, 57, 60 und den Rauchübersichtstafeln II, V und VIII,

in Gruppe IV (Luftzufuhr durch die Feuerbrücke, Bauart Kowitzke) die Versuche IV, 8 und 9, Zahlentafel 13 bzw. Fig. 52 und Rauchübersichtstafel I, durchgeführt für Westhartleykohle bei 18 kg Kesselbelastung und Versuch IV, 10, Zahlentafel 17 bzw. Fig. 57 und Rauchübersichtstafel V, durchgeführt für westfälische Kohle Rhein-Elbe und Alma bei 24 kg Kesselbelastung,

in Gruppe V (Luftzufuhr hinter der Feuerbrücke, Bauart Schmidt) der Versuch V, 5, Zahlentafel 13 bzw. Fig. 52 und Rauchübersichtstafel I, durchgeführt für Westhartleykohle bei 18 kg Kesselbelastung.

Bei allen diesen Versuchen, mit Ausnahme von IV, 8, war denn auch mit dem stärkeren Zug bzw. dem höheren Luftüberschuß eine sehr weitgehende Einschränkung der Rauchentwicklung zu erzielen. Die stärkere Rauchbildung bei IV, 8 rührte daher, daß dabei das Feuer sehr niedrig gehalten wurde. Die Entgasung der Kohle und der erhöhte Luftbedarf traten infolgedessen erst einige Zeit nach dem Aufwerfen der frischen Kohle ein, bis zu welchem Zeitpunkt die Klappe für die Sekundärluftzufuhr schon beinahe ganz abgeschlossen hatte. Bei Versuch IV, 9 waren die Feuer etwas höher, infolgedessen fiel Luftbedarf und Luftzufuhr in richtiger Weise zusammen, so daß die Rauchverhältnisse durchaus befriedigend wurden.

Hinsichtlich der Ausnutzungsverhältnisse ergaben die Versuche in Gruppe III (Luftzufuhr von vorn), welche mit 24 kg Kesselbelastung zur Durchführung kamen, folgendes:

Versuch III, 20 (Westhartleykohle) zeigt nach Zahlentafel 14 gegenüber dem Mittel aus den Gegenversuchen III, 13 und 14 eine Abnahme der Ausnutzung

von 73,9 auf 72,2 v. H.

Versuch III, 19 (westfäl. Kohle Rhein-Elbe und Alma) ergab nach Zahlentafel 17 gegenüber den Versuchen III, 11 und 16 einen Rückgang

von 74,3 auf 70,8 v. H.

und Versuch III, 18 (engl. Kohle New Pelton) nach Zahlentafel 20 gegenüber den Versuchen III, 12 und 15 einen solchen

von 76,1 auf 72,3 v. H.

Die entsprechenden Versuche ohne Sekundärluftzufuhr, aber sonst ähnlicher Feuerführung, jedoch starker Rauchentwicklung, wiesen nachstehende Ausnutzungsziffern auf:

	Versuch	II, 9 (Westhartleykohle), Zahlentafel 14	68,3 v. H.
	„	II, 5 und 6 (westfäl. Kohle Rhein-Elbe), Zahlentafel 17	71,6 „ „
und	„	II, 8 (engl. New-Pelton) Zahlentafel 20	72,2 „ „

An Verbrennlichem in den Abgasen fand sich

bei Versuch	III, 20	im Vergleich zu	III, 13, 14 u. II, 9 . .	0,5 u. 1,45	bzw.	7—8 v. H.
„ „	III, 19	„ „	„ III, 11, 16 „ II, 5, 6	0,4 „ 1,75	„	5,5 „ „
„ „	III, 18	„ „	„ III, 12, 15 „ II, 8 . .	0,4 „ 1,8	„	5,4 „ „

Der in Gruppe IV (Luftzufuhr durch die Feuerbrücke) ebenfalls bei 24 kg Kesselbelastung mit westfäl. Kohle Rhein-Elbe und Alma durchgeführte Versuch IV, 10 (Zahlentafel 17) ergab im Vergleich zu dem Mittel der Gegenversuche IV, 11 und 14 einen Rückgang der Ausnutzung

von 74,1 auf 69,4 v. H.

Bei dem Versuch II 5, 6 (ohne Sekundärluftzufuhr) hatte die Ausnutzung

71,6 v. H. — betragen.

Der Verlust durch unvollkommene Verbrennung bei den Versuchen IV, 10 bzw. IV 11, 14 und II 5, 6 war festgestellt worden zu

0,4 bzw. 1,2 und 5,5 v. H.

Die in der gleichen Gruppe bei 18 kg Kesselbelastung mit Westhartleykohle durchgeführten Versuche IV, 8 und 9 zeigten gegenüber dem Mittel der Versuche IV, 1 und 6 nach Zahlentafel 13 eine Abnahme der Ausnutzung

von 78,1 auf 74,5 v. H.

Ebenso ergab der in Gruppe V (Luftzufuhr hinter der Feuerbrücke) bei gleicher Kesselbelastung und mit derselben Kohle vorgenommene Versuch V, 5 gegenüber dem Mittel der Gegenversuche V, 1 und 4 nach Zahlentafel 13 einen Rückgang

von 75,5 auf 73,0 v. H.

Sowohl bei den Versuchen IV, 8 und 9 als auch bei V, 5 war indessen die Ausnutzung immer noch etwas besser als bei dem entsprechenden Versuch II, 1 ohne Sekundärluftzufuhr und starker Rauchentwicklung

mit 72,5 v. H.

Die für Verbrennliches in den Abgasen gefundenen Zahlen betrugen

bei den Versuchen IV 8, 9 u. IV 1, 6	1,05 u. 1,95 v. H.	}	bei dem Versuch II, 1
„ „ „ V 5, „ V 1, 4	1,0 „ 2,55 „ „		ca. 6 v. H.

Man erkennt aus vorstehendem, daß auch bei diesen Versuchen (sehr wenig Rauch infolge höheren Luftüberschusses) noch annehmbare Ausnutzungsziffern vorliegen, und die weitgehende Einschränkung der Rauchentwicklung nur bei zweien der durchgeführten Versuche einen Mehraufwand an Kohle gegenüber den Versuchen ohne Sekundärluftzufuhr, und sehr starker Rauchentwicklung, zur Folge hatte. Man sieht aber auch weiter, daß die Verminderung der Rauchentwicklung über die auf S. 66 bezeichneten Grenzen hinaus auch bei den Einrichtungen mit regelbarer Sekundärluftzufuhr unbedingt einen Rückgang der Ausnutzung zur Folge hat, welcher mit dem Grade dieser Verminderung ziemlich rasch anwächst, da zu *vollständiger Verbrennung der noch verbleibenden Gasreste ein verhältnismäßig hoher Luftüberschuß verwendet werden muß.* Auch hier zeigt sich also die bekannte Erfahrung, daß man im Interesse der Wirschaftlichkeit des Betriebes bei gasreichen Kohlen nicht absolute Rauchlosigkeit verlangen darf, sondern sich im allgemeinen mit einem als *rauchschwach* zu bezeichnenden Zustand begnügen soll.

Indessen lassen die Rauchübersichtstafeln XI—XIII immerhin erkennen, daß sich unter Aufrechterhaltung der erreichten höchsten Ausnutzungsziffern bezüglich der Rauchentwicklung Verhältnisse herbeiführen lassen, welche ziemlich weitgehenden Ansprüchen zu genügen vermögen, und zwar besonders mit der regelbaren Sekundärluftzufuhr durch die Feuerbrücke. Diese zeigte sich bei gleicher Höhe des Luftüberschusses, wie er bei den anderen Arten der Zufuhr in Anwendung kam, am wirksamsten.

Die Luftzufuhr hinter der Feuerbrücke erwies sich insofern als weniger gut, als sich im allgemeinen bei gleichem Luftüberschuß höhere Verluste durch unverbrannte Gase fanden[1]). Auch zeigte sie eine viel größere Empfindlichkeit in bezug auf die richtige Bemessung der Luftzufuhr als dies bei den beiden anderen Typen der Fall war, so daß die Einstellung des Abschlußorganes sich schwieriger gestaltet als dort. Schon geringe Abweichungen von der richtigen Stellung hatten viel ungünstigere Folgen. Beispielsweise ergaben sich bei den Versuchen V, 1 und V, 4 bei nur wenig anderer Einstellung und gleichem mittleren Luftüberschuß ganz merkliche Unterschiede in der Vollkommenheit der Verbrennung, was sowohl in der Rauchübersicht als auch in der Wärmebilanz zum Ausdruck kommt. Letzterer zufolge fanden sich bei Versuch V, 1 zusammen noch 3,3 v. H. des Heizwertes an Verbrennlichem in den Abgasen, während diese Zahl bei Versuch V, 4 auf 1,8 v. H. also fast auf die Hälfte zurückging. Die Mischung muß eben bei Zufuhr der Luft in der Art der Fig. 42, da sich hierbei Luft und Gas in dem durch die Feuerbrücke gelegten Querschnitt nahezu parallel bewegen, und die kältere und daher schwerere Luft außerdem unten eintritt, durch den Einbau hinter der Feuerbrücke sozusagen erzwungen werden, was auch die Empfindlichkeit bedingt. Eine Beförderung der Mischung durch die Abschrägung der Feuerbrücke ist ziemlich ausgeschlossen, denn dazu sind, wenn man noch die Schichthöhe in Betracht zieht, die Höhendifferenzen viel zu gering. Hinsichtlich der

[1]) Zahlentafel 27 und 28 geben eine Übersicht über die Verluste durch unverbrannte Gase und durch Ruß sowohl beim gewöhnlichen Planrost als auch bei den verschiedenen Arten der Sekundärluftzufuhr. Wenn es sich bei letzteren auch nur um kleine Ziffern handelt, so sind doch gewisse Unterschiede nicht zu verkennen.

Verluste durch unvollkommene Verbrennung mit dem gewöhnlichen Planrost.

Zahlentafel 27.

Art der Feuerführung	Kopffeuer		Flaches Feuer							Sekundärluftzufuhr durch einen Spalt der Feuertür
	kleiner Luftüberschuß	mäßiger Luftüberschuß	kleiner Luftüberschuß			mittlerer Luftüberschuß			großer Luftüberschuß	
Kesselbeanspruchung in kg Dampf pro qm Heizfläche und Stunde . . . . . . kg	12	18	18	24	30	18	24	30	18	30
Englische Kohle „Westhartley-Main“										
Verloren: durch unverbrannte Gase v. H.	5,2	5,4			9,4	0,7	1,4	0,5	0,65	
„ Ruß . . . . . . „ „	1,8	1,3			3,2	0,5	0,45	0,2	0,25	
zusammen . . . . . . v. H.	7,0	6,7			12,6	1,2	1,85	0,7	0,9	
Westfälische Kohle „Rhein-Elbe u. Alma“										
Verloren: durch unverbrannte Gase v. H.	3,2		4,1	4,2	7,1		0,65			
„ Ruß . . . . . . „ „	2,2		1,7	1,3	2,2		0,25			
zusammen . . . . . . v. H.	5,4		5,8	5,5	9,3		0,9			
Englische Kohle „New-Pelton-Main“										
Verloren: durch unverbrannte Gase v. H.	6,5			5,4	9,2	0,65				0,8
„ Ruß . . . . . . „ „	1,6			—	2,3	0,3				0,6
zusammen . . . . . . v. H.	8,1			5,4	11,5	0,95				1,4

Zahlentafel 28.

Verluste durch unvollkommene Verbrennung bei Sekundärluftzufuhr.

Art des Versuches	Luftzufuhr von vorne			Luftzufuhr durch die Feuerbrücke			Luftzufuhr hinter der Feuerbrücke		
Kesselbelastung in kg Dampf pro qm Heizfläche und Stunde . . . . kg	18	24	30	18	24	30	18	24	30
Englische Kohle „Westhartley-Main“									
Verloren: durch unverbrannte Gase v. H.	1,3	0,85	0,9	1,6	1,55	0,5	1,8	2,0	1,05
„ Ruß . . . . . . „ „	1,1	0,6	0,55	0,35	0,3	0,15	0,75	0,3	0,25
zusammen . . . . . v. H.	2,4	1,45	1,45	1,95	1,85	0,65	2,55	2,3	1,3
Westfälische Kohle „Rhein-Elbe u. Alma“									
Verloren: durch unverbrannte Gase v. H.	1,2	1,25	0,8	1,3	1,35	0,95	2,4	2,35	2,05
„ Ruß . . . . . . „ „	0,7	0,5	0,3	0,3	0,4	0,2	0,4	0,45	0,55
zusammen . . . . . v. H.	1,9	1,75	1,1	2,1	1,75	1,15	2,8	2,8	2,6
Englische Kohle „New-Pelton-Main“									
Verloren: durch unverbrannte Gase v. H.	1,9	1,3	1,1	0,6	0,7	1,4	2,2	1,2	0,8
„ Ruß . . . . . . „ „	1,6	0,5	0,5	0,35	0,2	0,3	0,35	0,35	0,15
zusammen . . . . . v. H.	3,5	1,8	1,6	0,95	0,9	1,7	2,55	1,55	0,95

bereits erwähnten unzuverlässigeren Regulierung (siehe S. 53) des Luftabschlusses könnte natürlich durch bessere konstruktive Durchbildung Abhilfe geschafft werden. Bei den Versuchen wurde durch entsprechende Aufmerksamkeit und Nachhilfe eine aus diesem Übelstand entstehende ungünstige Beeinflussung ferngehalten.

Die zuverlässigste Regelung ergab das von Kowitzke angewandte Uhrwerk, das sich auch dem Katarakt von Topf überlegen zeigte, bei dem wohl infolge der Beeinflussung der Absperrflüssigkeit durch die Wärme häufig eine Veränderung in der Ablaufzeit zu beobachten war.

Die Zufuhr von vorne besitzt indessen gegenüber derjenigen durch die Feuerbrücke den unbedingten Vorteil, daß man die Klappe stets vor Augen hat und jede Unregelmäßigkeit sofort bemerkt, was bei dem in der Feuerbrücke liegenden Abschlußorgan nicht in gleichem Maße möglich ist. Auch läßt sich im Vergleich mit dem letzteren sicherer ein dichter Abschluß ermöglichen. Die Erzielung einer ebenso guten Wirkung der von vorne zugeführten Luft wie der durch die Feuerbrücke zuströmenden dürfte durch entsprechende Anordnung ebenfalls zu erreichen sein, wie auch die Herbeiführung gleicher Sicherheit in der Regelung des Abschlusses konstruktive Schwierigkeiten nicht bieten kann.

An weiteren Einzelheiten zu den Versuchen mit regelbarer Sekundärluftzufuhr ist noch folgendes nachzutragen:

Bei Gruppe III kam zunächst bei den drei ersten Versuchen III, 1—3 eine Rostfläche von 2,82 qm zur Anwendung. Dabei ergaben sich für die 18 kg Belastungsstufe sehr mäßige Rostanstrengungen von ca. 60 kg, so daß bei den geringen zur Verwendung kommenden Zugstärken die Rauchentwicklung besonders beim Arbeiten ohne die Aschfallklappen, Versuch III, 1, noch zu stark schien. Bei Versuch III, 2 wurden deshalb letztere derart eingestellt, daß unter sonst gleichen Verhältnissen stärkerer Unterdruck über dem Rost und infolgedessen lebhafteres Zuströmen der Oberluft erzielt wurde. Die Rauchübersicht zu Versuch III, 2 in den Tafeln IV und XII zeigt denn auch einige Besserung gegen III, 1, allerdings bei gleichzeitig eingetretenem etwas größerem Luftüberschuß (siehe Zahlentafel 16 und 24). Jedoch ist eine richtige Regelung des Luftzutritts mit der Aschfallklappe nicht nur schwierig, sie muß auch im Vergleich mit derjenigen durch den Rauchschieber, wie leicht einzusehen, als grundsätzlich falsch bezeichnet werden. Überdies trägt das Vorhandensein der Klappen zu stärkerer Erwärmung des Rostes bei, was für die Haltbarkeit des letzteren, wie auch für die Schlackenbildung nicht vorteilhaft ist.

Man suchte deshalb durch Verkleinerung des Rostes auf 2,12 qm dieselbe Wirkung zu erzielen, indem dadurch das Querschnittsverhältnis für die Zufuhr der Sekundärluft zu derjenigen durch den Rost ein anderes wird. Die Rauchübersicht bei Versuch III, 4, Tafel I und XI (Zahlentafel 13 und 23) zeigt denn auch eine Besserung gegen III, 3. Bei III, 5, Tafel IV und XII ist dies zwar weniger der Fall, doch fiel bei diesem Versuch auch der Luftüberschuß, wie die zugehörigen Zahlentafeln 16 und 24 zeigen, etwas kleiner aus. Im allgemeinen erwies sich aber doch, daß bei größerer Brenngeschwindigkeit im Falle der Verwendung von Sekundärluft bessere Verhältnisse in bezug auf die Vollkommenheit der Verbrennung sich erzielen lassen, weshalb für die Folge die Aschfallklappen entfernt und der kleinere Rost überhaupt für alle Versuche mit Sekundärluftzufuhr beibehalten wurde.

Hierbei ergaben sich beim Wechsel der Belastung von 18 bis 30 kg Dampferzeugung pro qm Kesselheizfläche und Stunde:

für die Westhartleykohle

Rostanstrengungen zwischen 80 und 150 kg,

für die westfälische Kohle
solche zwischen 75 und 140 kg
und für die New-Peltonkohle
zwischen 70 und 135 kg.

Wie Zahlentafel 27 erkennen läßt, fand sich selbst für die höchsten Anstrengungen eher noch vollkommenere Verbrennung als für die kleineren. Auch die Rauchverhältnisse waren durchaus befriedigend, besonders wenn man bei dem Vergleich noch berücksichtigt, daß bei höherer Belastung viel größere Gasmengen durch den

Änderung der Wärmeverteilung bei 12 kg Dampferzeugung pro qm Kesselheizfläche und Stunde.

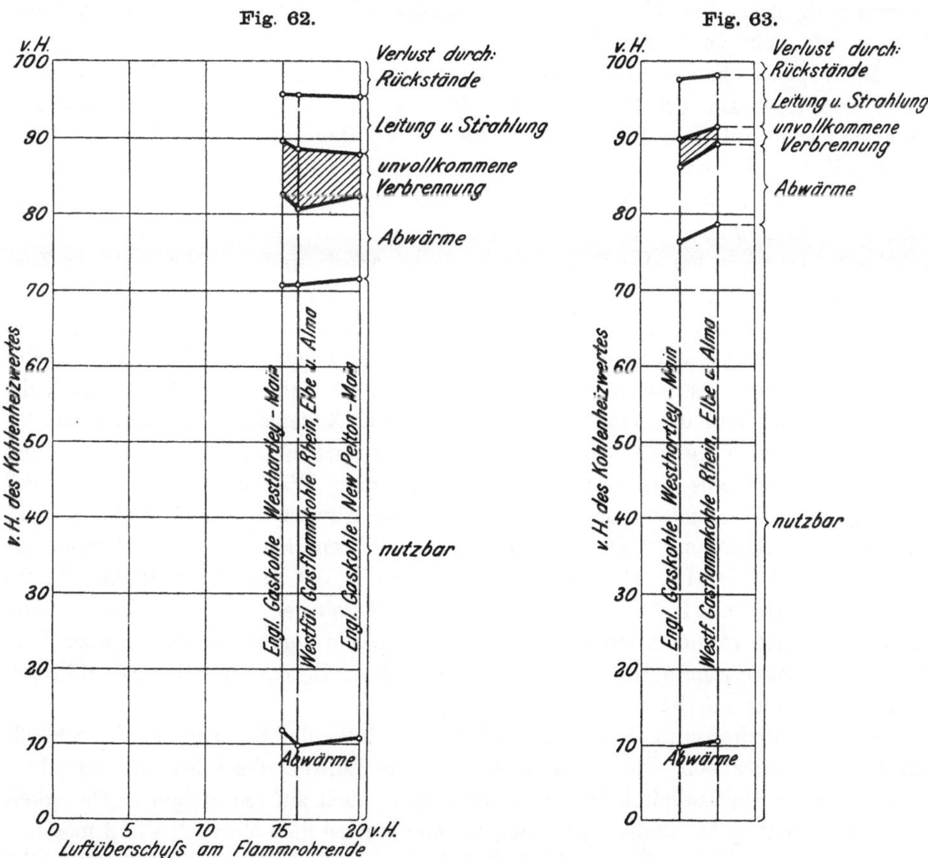

Fig. 62 ohne Sekundärluftzufuhr, ca. 15—20 v. H. Luftüberschuß am Flammrohrende.
Fig. 63 mit Sekundärluftzufuhr durch die Feuerbrücke unter Benutzung des Feuerungsreglers von KOWITZKE & Co., ca. 29 v. H. Luftüberschuß am Flammrohrende.

Schornstein abzuführen sind, und daß deshalb selbst bei gleich vollkommener Verbrennung die Rauchentwicklung stärker erscheinen muß.

Bei kleineren Rostanstrengungen von ca. 60 kg an abwärts wächst bei gasreichen Kohlen die Schwierigkeit, vollkommene Verbrennung herbeizuführen und zwar wie erklärlich um so mehr, mit je geringerem Luftüberschuß gearbeitet werden soll. Die Sekundärluftzufuhr besitzt bei dem alsdann mehr und mehr eintretenden Schwelen des Feuers weniger Wirksamkeit, und auch bei einer Arbeitsweise derart, daß die Kohle vorne aufgelegt und nach erfolgtem Durchbrennen zurückgeschoben wird, ist es schwer, wie schon auf S. 61 u. 62 erörtert, einigermaßen vollkommene Verbrennung herbeizuführen. Besonders der Verlust durch unverbrannte Gase, der allerdings dem Auge weniger bemerkbar ist als der Verlust durch Ruß, kann dabei, wie ebenfalls schon an genannter Stelle erwähnt, verhältnismäßig recht erheblich ausfallen.

In Gruppe III (Luftzufuhr über dem Rost) wurden, da die Haltbarkeit des Luftführungsbogens zu Bedenken Anlaß gab, Versuche mit und ohne diesen Bogen vorgenommen. Erhebliche Unterschiede in der Rauchentwicklung ließen sich zwar nicht konstatieren (siehe Rauchübersichten für die Versuche III, 11 und III, 16 in Tafel V und XII, sowie für III, 12 und III, 15 in Tafel VIII und XIII); immerhin ist aber ein gewisser günstiger Einfluß des Bogens auf die Vollkommenheit der Verbrennung nach den Werten in den zugehörigen Zahlentafeln 17 bzw. 24 und 20 bzw. 25 nicht zu verkennen.

In Gruppe IV kamen noch einige Vergleichsversuche mit und ohne den Feuerungsregler von Kowitzke bei 18 kg Kesselbelastung zur Durchführung und außerdem zwei Versuche mit dem Regler allein bei 12 kg Belastung. Die Versuche IV, 1 und 6, IV, 3 und 7 sowie IV, 2 und 5 mit 18 kg Belastung weisen, wie die Zahlentafeln 23, 24 und 25 bzw. 13, 16 und 19 und die zugehörigen Rauchübersichten in Tafel XI—XIII bzw. I, IV, VII erkennen lassen, einen nennenswerten Unterschied nicht auf. Dagegen hat der Heizer etwas mehr Arbeit und der Wechsel der Zugstärken bringt auch periodischen Wechsel der Heizgastemperaturen mit sich. Bei geringeren Belastungen jedoch, für welche die Einrichtung nach den Ausführungen auf Seite 44 auch hauptsächlich bestimmt ist, konnte eine durch ihre Verwendung eintretende Besserung festgestellt werden, wie sowohl die Zahlentafel 22, als auch die Fig. 62 und 63 und die Rauchübersichten in Tafel X zeigen. Aus Zahlentafel 22 ergibt sich beim Vergleich der Versuche IV, 19 und IV, 20 gegen II, 19 und II, 18 nicht nur eine erheblich bessere Ausnutzung, 76,2 gegen 70,8 und 78,7 gegen 71,6 v. H., sondern auch bei geringerem Abwärmeverlust erheblich vollkommenere Verbrennung. Die Verluste durch Verbrennliches in den Abgasen betrugen 3,8 v. H. bei IV, 19 gegen 7,0 v. H. bei II, 19 und 2,1 v. H. bei IV, 20 gegen 5,4 v. H. bei II, 18. Auch bei diesen Versuchen mit dem Regler und 12 kg Belastung verbleibt indessen ebenfalls noch ein verhältnismäßig großer Verlust durch unverbrannte Gase von 3,3 bzw. 1,8 v. H. des Heizwertes, während im Ruß sich nur 0,5 bzw. 0,3 v. H. fanden.

Zu den Versuchen in Gruppe V (Luftzufuhr hinter der Feuerbrücke) ist schließlich noch zu erwähnen, daß der dort verwendete Einbau, abgesehen von den hinsichtlich seiner Haltbarkeit bestehenden Bedenken, auch auf die Steigerungsfähigkeit der Kesselbelastung nachteilig einwirkte. Es war nur bei dem Versuch V, 12 möglich, annähernd 30 kg Wasser pro qm Kesselheizfläche und Stunde zu verdampfen. Bei den Versuchen V, 11, V, 13 und V, 14 gelang es auch bei Verwendung des vollen Schornsteinzuges von ca. 18—20 mm Wassersäule am Kesselende nicht, über 26,7, 28,8 und 27,9 kg Wasserverdampfung zu kommen. Unter Berücksichtigung des Umstandes, daß hier gerade ein Teil der wirksamsten Heizfläche durch den Einbau abgemauert wird, und daß letzterer die Zugwirkung des Schornsteines hemmend beeinflußt, kann dies nicht wundernehmen. Die stärkere Zunahme des Abwärmeverlustes und infolgedessen die raschere Abnahme der Ausnutzung, wie es in den Fig. 68, 72 und 76 im Vergleich zu den entsprechenden Gegenfiguren zum Ausdruck kommt, ist gleichfalls eine Folge dieser Verhältnisse, ebenso wie auch das auf S. 67 und 68 erwähnte insgesamt beobachtete Zurückbleiben der Ausnutzung gegenüber den anderen Arten der Sekundärluftzufuhr.

Fig. 64—68.

Änderung der Wärmeverteilung mit der Belastung bei jeweils gleicher Feuerungseinrichtung, „Westhartley-Main“.

Additional material from *Feuerungsuntersuchungen des Vereins für Feuerungsbetrieb und Rauchbekämpfung in Hamburg, durchgeführt unter der Leitung des Vereinsoberingenieur und Berichterstatters,*
ISBN 978-3-642-89790-0 (978-3-642-89790-0_OSFO9),
is available at http://extras.springer.com

Fig. 69—72.

Änderung der Wärmeverteilung mit der Belastung
bei jeweils gleicher Feuerungseinrichtung,
„Rhein-Elbe und Alma".

Additional material from *Feuerungsuntersuchungen des Vereins für Feuerungsbetrieb und Rauchbekämpfung in Hamburg, durchgeführt unter der Leitung des Vereinsoberingenieur und Berichterstatters,*
ISBN 978-3-642-89790-0 (978-3-642-89790-0_OSFO10),
is available at http://extras.springer.com

Fig. 73—76.

Änderung der Wärmeverteilung mit der Belastung
bei jeweils gleicher Feuerungseinrichtung,
„New-Pelton-Main“.

Additional material from *Feuerungsuntersuchungen des Vereins für Feuerungsbetrieb und Rauchbekämpfung in Hamburg, durchgeführt unter der Leitung des Vereinsoberingenieur und Berichterstatters*,
ISBN 978-3-642-89790-0 (978-3-642-89790-0_OSFO11),
is available at http://extras.springer.com

c) Versuche mit mechanischer Rostbeschickung.

Die Versuche mit mechanischer Rostbeschickung kamen zum größten Teil mit englischer Gasnußkohle Silksworth (siehe S. 3 und Zahlentafel 5) zur Durchführung. Zwei Versuche wurden mit westfälischer Fettnußkohle Holland

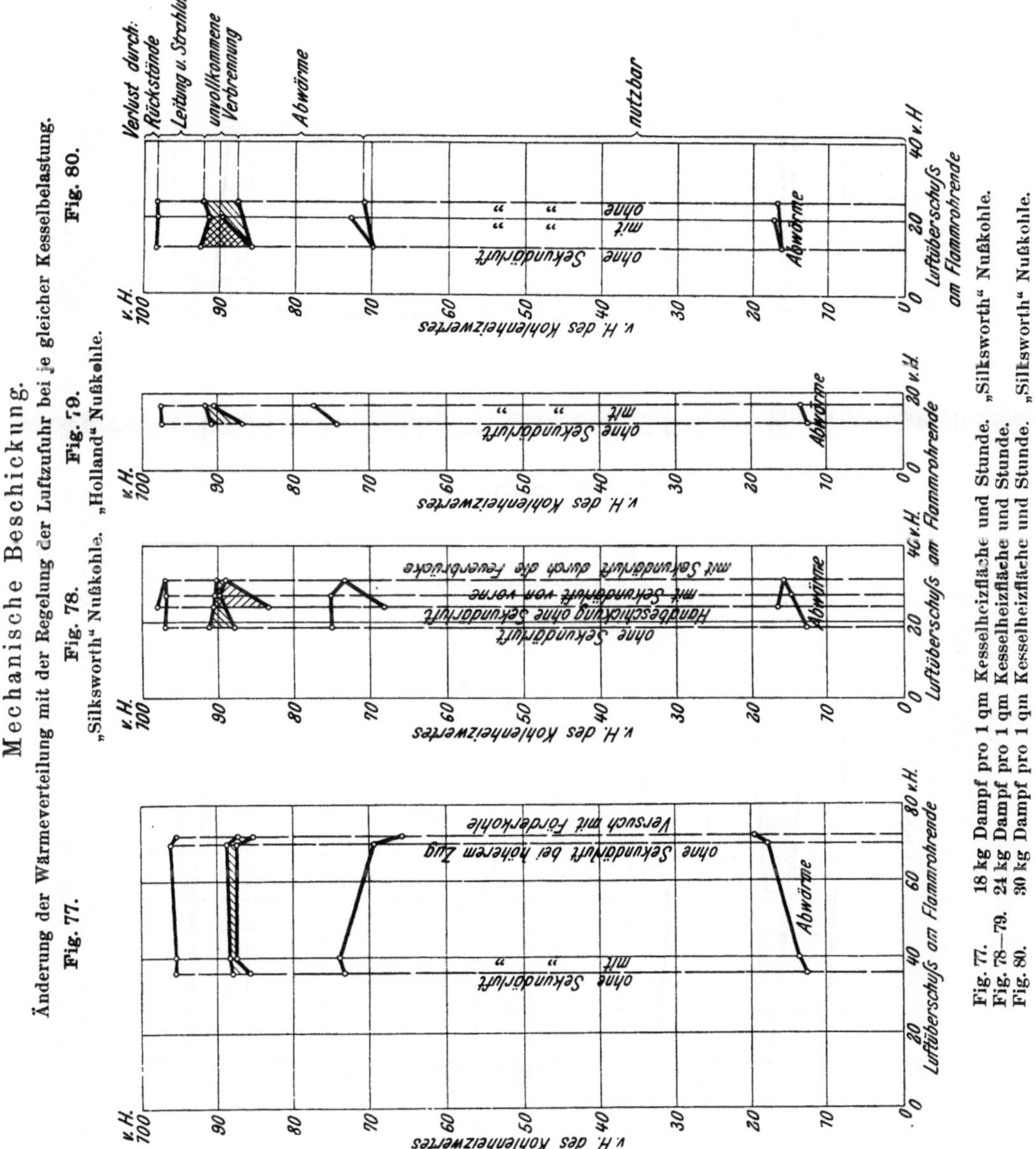

Mechanische Beschickung.

Änderung der Wärmeverteilung mit der Regelung der Luftzufuhr bei je gleicher Kesselbelastung.

Fig. 77. Fig. 78. „Silksworth“ Nußkohle. Fig. 79. „Holland“ Nußkohle. Fig. 80.

Fig. 77. 18 kg Dampf pro 1 qm Kesselheizfläche und Stunde. „Silksworth“ Nußkohle.
Fig. 78—79. 24 kg Dampf pro 1 qm Kesselheizfläche und Stunde.
Fig. 80. 30 kg Dampf pro 1 qm Kesselheizfläche und Stunde. „Silksworth“ Nußkohle.

vorgenommen, und bei einem war englische Gasförderkohle New-Pelton-Main in Verwendung. Die Anstrengungsstufen wechselten wieder zwischen 18, 24 und 30 kg Wasserverdampfung pro qm Kesselheizfläche und Stunde. Die Rostgröße betrug bei allen Versuchen, mit Ausnahme derer mit der westfälischen Fettkohle, 2,12 qm. Bei letzteren war der Rost 2,82 qm groß. Mit der Silksworthkohle wurde sodann bei den verschiedenen Belastungsstufen mit und ohne Sekundärluftzufuhr gearbeitet, welche in diesem Fall durch die durchbrochene und mit Gitterwerk versehene Feuertür erfolgte (siehe S. 56 und Fig. 47—51). Bei einem weiteren Versuch mit 24 kg Belastung wurde die Sekundärluft vergleichsweise durch eine von Anfang an mit eingebaute durchbrochene gußeiserne Feuerbrücke zugeführt, wie sie bei den Versuchen der Gruppe IV in Verwendung war. Bei den übrigen

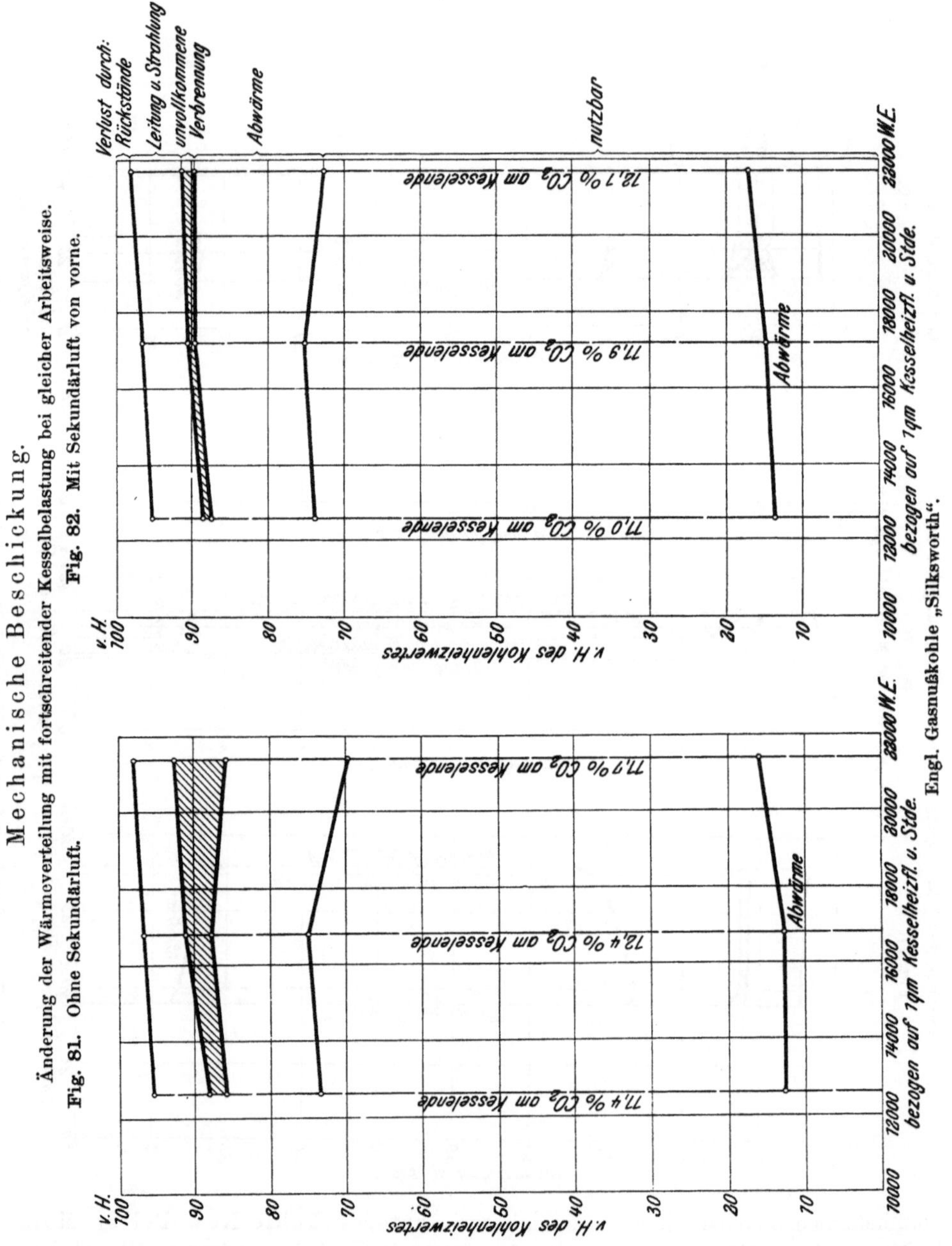

Mechanische Beschickung.

Änderung der Wärmeverteilung mit fortschreitender Kesselbelastung bei gleicher Arbeitsweise.

Fig. 81. Ohne Sekundärluft.

Fig. 82. Mit Sekundärluft von vorne.

Engl. Gasnußkohle „Silksworth“.

Versuchen wurden deren Kanäle dicht abgeschlossen. Bei 18 kg Dampferzeugung kam ferner ein Versuch mit stärkerem Zug bzw. höherem Luftüberschuß zur Durchführung, um dessen Einfluß auf die Vollkommenheit der Verbrennung zu zeigen und bei 24 kg Belastung wurde endlich zur Kennzeichnung des Unterschiedes ein Versuch mit Handbeschickung vorgenommen. Die Ergebnisse sind in Zahlentafel 26 zusammengestellt. Die Rauchübersichten zeigt Tafel XIV, und die Wärmebilanzen sind in den Fig. 77—82 graphisch zur Darstellung gebracht. Dabei enthält jede der Fig. 77—80 Versuche bei gleicher Kesselbelastung aber verschiedener Arbeitsweise, wobei als Abszissen die Luftüberschußziffern gewählt sind, während in den Fig. 81 und 82 Versuche gleicher Arbeitsweise, bezogen auf wechselnde Belastung, dargestellt sind, und zwar zeigt die Fig. 81 die Wärmeverteilung und deren Änderung mit der Belastung ohne Sekundärluftzufuhr, Fig. 82 dagegen beim Vorhandensein solcher.

Zunächst lassen die Rauchübersichten als naturgemäße Folge der ununterbrochenen Beschickung viel größere Gleichmäßigkeit der Verhältnisse erkennen, als sie bei Handbeschickung vorhanden ist, was in gleicher Weise bei den Temperaturbeobachtungen und den Kohlensäuremessungen zum Ausdruck kam. Doch ist zu ersehen, daß zeitweilig immerhin auch stoßweises Auftreten höherer Rauchstärken zu verzeichnen war und zwar immer dann, wenn sich ein Ausgleichen der Feuer als nötig erwies, in dessen Folge stärkere Gasentwicklung und momentaner Luftmangel eintrat. Ein solches Ausgleichen konnte um so seltener vorgenommen werden, je gleichmäßiger und weniger mullhaltig die verwendete Kohle war. Indessen wurden doch auch zuweilen bei Kohle geeigneter Beschaffenheit gewisse Stellen des Rostes während längerer Zeiten mangelhaft beschickt, was dann einen allmählichen Abfall des Kohlensäuregehaltes, bzw. ein entsprechendes Ansteigen des Luftüberschusses bis zum nächsten Feuerausgleich zur Folge hatte. Mit der Ungleichmäßigkeit der Kohle vermehrten sich diese Erscheinungen, und bei Verwendung von Förderkohle mußte das Feuer regelmäßig in Pausen von 8—10 Minuten durchgestoßen werden, wenn man sehr schlechte Rostbedeckung vermeiden wollte.

Während bei Verwendung von Nußkohle und 18 kg Kesselbelastung, welcher eine Rostanstrengung von ca. 80 kg entsprach, Unterschiede im Rauch mit und ohne Sekundärluft kaum festzustellen waren, trat bei höheren Belastungen, besonders bei 30 kg Wasserverdampfung pro qm Kesselheizfläche und Stunde, entsprechend ca. 135 bis 140 kg Rostbeanspruchung bei fehlender Sekundärluftzufuhr doch ganz erhebliche Rauchentwicklung ein, trotzdem die Beschickung durchaus gleichmäßig und ohne Störungen erfolgte.

Tatsächlich zeigt die Fig. 81, daß auch bei ununterbrochener Beschickung ein erheblicher Verlust durch Verbrennliches in den Abgasen eintreten kann. Bei den Versuchen VII, 1 und VII, 4 wurde noch ein solcher von im Mittel 2,05 v. H. festgestellt, bei ca. 78 kg Rostanstrengung und einem mittleren Luftüberschuß von 39 v. H. am Flammrohrende. Die Versuche VII, 6 und VII, 7 ergaben bei ca. 103 kg Rostanstrengung und ca. 18 v. H. mittlerem Luftüberschuß am Flammrohrende diesen Verlust zu 3,3 v. H., und bei den Versuchen VII, 13 und VII, 14 stieg er bei 24 bzw. 8 v. H. Luftüberschuß und 138 kg Rostanstrengung auf 4,5 bzw. 6,6 v. H. des Heizwertes an. Die Ausnutzungsziffern betrugen bei VII, 1 u. 4, VII, 6 u. 7 sowie VII, 13 bzw. 14 in gleicher Reihenfolge 73,5, 75 und 71,1 bzw. 69,8 v. H., und die Abwärmeverluste waren 12,5, 12,8 und 16,6 bzw. 16,1 v. H. Durch Zufuhr von Sekundärluft bei den Gegenversuchen VII, 2, VII, 8 und VII, 15 wurde zwar die Verbrennung vollkommener, so daß sich an Verbrennlichem in den Abgasen nur noch 0,95, 0,45 und 1,6 v. H. fand. Indessen hatte gleichzeitig der Luftüberschuß und damit der Abwärmeverlust zugenommen, weshalb bei der 18 kg und 24 kg Belastungsstufe nur ein ganz unwesentliches Ansteigen der Ausnutzung von 73,45 auf 74,0 und von 75,0 auf 75,15 v. H, stattfand, während bei 30 kg eine Erhöhung von 71,05 bzw. 69,8 auf 72,6 v. H. eintrat. Die Zunahme der Ausnutzung hatte also auch bei Versuch VII, 15 im Vergleich zu VII, 14 mit dem durch die vollkommenere Verbrennung eingetretenen Wärmegewinn nicht gleichen Schritt gehalten. Von den 5 v. H. des letzteren waren nur 2,8 nutzbar gemacht worden, wobei sich allerdings auch ein Unterschied von 1,3 v. H. im Restverlust fand.

Bei den mit ca. 75—80 kg Rostbeanspruchung durchgeführten Versuchen VII, 20 und VII, 21, bei welchen westfälische Fettnußkohle Holland verheizt wurde, lagen die Verhältnisse ähnlich. Ohne Sekundärluftzufuhr fanden sich bei 12 v. H. Luftüberschuß am Flammrohrende (29 v. H. am Kesselende) in den Abgasen noch 4,2 v. H des Heizwertes als Unverbranntes, während dieser Verlust bei dauernder Zufuhr von Sekundärluft ohne nennenswerte Erhöhung des Luftüberschusses — 17 gegen 12 bzw. 38 gegen 29 v. H. — auf 0,9 v. H. zurückging. Dadurch stieg die Ausnutzung von 74,2 auf 77,2 v. H.

Die Versuche zeigen, daß mit dieser Art der mechanischen Beschickung ein wesentlich höherer mittlerer Kohlensäuregehalt als mit Handbeschickung sich nicht erreichen läßt, wenn die Verbrennung hinreichend vollkommen erfolgen soll, wobei jedoch auch in letzterer Beziehung bessere Verhältnisse nicht eintreten, als sie mit Handbeschickung unter sachgemäßer Feuerführung und regelbarer Zufuhr von Sekundärluft erzielt werden können. Infolgedessen ist auch bezüglich der Ausnutzung von der mechanischen Beschickung besseres nicht zu erwarten, wobei allerdings nicht übersehen werden darf, daß die mit Handbeschickung erzielbaren Ergebnisse in bedeutend höherem Maße von der Zuverlässigkeit und Aufmerksamkeit des Heizers abhängig sind, und daß bei ihr infolgedessen auch eine weitgehendere Kontrolle sich nötig macht, als dies bei der mechanischen Beschickung der Fall ist, was besonders auch bezüglich der Rauchentwicklung gilt. Letztere erscheint übrigens gegenüber der bei Handbeschickung auftretenden schon infolge ihrer Gleichmäßigkeit durchschnittlich geringer, auch wenn, wie die Zahlentafeln zeigen, die Verluste in unvollkommener Verbrennung selbst in beiden Fällen in ähnlicher Höhe auftreten. Bezüglich der Art der Sekundärluftzufuhr ergaben die beiden Versuche VII, 8 und VII, 9 im Gegensatz zu den Ergebnissen unter V, b), S. 71 u. f. eher einen Vorteil zu gunsten der Zufuhr von vorne gegenüber derjenigen durch die Feuerbrücke. Trotz etwas höheren Luftüberschusses bei VII, 9 fand sich noch 1 v. H. an Verbrennlichem in den Abgasen gegenüber 0,45 v. H. bei VII, 8.

Die Überlegenheit der mechanischen Beschickung mit Sekundärluftzufuhr über diejenige von Hand ohne Sekundärluftzufuhr bringen die Ergebnisse der Versuche VII, 8 und VII, 11 sowohl in Zahlentafel 26 als auch in Fig. 78 und in den Rauchübersichten deutlich zum Ausdruck. Zwar war der Abwärmeverlust bei der Handbeschickung nur um 1,8 v. H. höher, dagegen betrug der Verlust in unvollkommener Verbrennung 6,15 gegenüber 0,45 v. H., so daß ein Unterschied in der Ausnutzung von 68,05 gegenüber 75,2 v. H. sich ergab. Der Luftüberschuß war in beiden Fällen nahezu der gleiche.

Versuch VII, 3 zeigt sodann noch im Vergleich zu VII, 2 bzw. VII, 1 und 4, daß durch die Verwendung zu starken Zuges bzw. zu hohen Luftüberschusses die Ausnutzung bei mechanischer Beschickung ebenso leidet wie bei Handbeschickung. Infolge Zunahme des Luftüberschusses am Flammrohrende von ca. 40 auf ca. 70 v. H. fällt die Ausnutzung bereits um ca. 4 bis 4,5 v. H. von 73,5 bzw. 74 v. H. auf 69,4 v. H., was einer Zunahme des Kohlenverbrauches um ca. 5,5 bis 6 v. H. entspricht. In dieser Beziehung ist man also von richtiger Regelung der Brenngeschwindigkeit durch Einstellung des Zugschiebers ebenso abhängig wie bei Handbeschickung, was hervorzuheben nicht versäumt sei, da gerade diesem Punkt auch bei anderen Feuerungseinrichtungen häufig sehr wenig Beachtung geschenkt wird.

Endlich ist noch der mit Förderkohle durchgeführte Versuch VII, 12 zu erwähnen. Wie die diesbezügliche Übersicht zeigt, war zwar die Rauchentwicklung nicht besonders stark, allein infolge der durch die Ungleichmäßigkeit der Kohle bedingten schlechten Streuung trat trotz häufigeren Ausgleichens der Feuer ein Luftüberschuß von 71 v. H. am Flammrohrende bzw. von 103 v. H. am Kesselende ein, und der mittlere Kohlensäuregehalt an letzterer Stelle betrug nur 8,8 v. H. Die Ausnutzung ergab sich infolgedessen bei einem Abwärmeverlust von 19,4 v. H. und einem Verlust durch Verbrennliches in den Abgasen von rund 2 v. H. zu nur 63,25 v. H. Da zudem das Feuer in Pausen von ca. 8—10 Minuten durchgestoßen werden mußte, der Heizer also auch erheblich in Anspruch genommen war, so lag in diesem Falle, der Beschickung von Hand gegenüber ein Vorteil nicht vor. Auch die Schwankungen in den Temperaturen und der Zusammensetzung der Abgase waren ähnlich wie dort.

d) Zusammenfassung der Ergebnisse der Versuche mit gasreichen Kohlen.

Das praktische Hauptergebnis dieser sämtlichen Versuche mit Gaskohlen läßt sich nun in kurzen Zügen folgendermaßen zusammenfassen:

Aus den Versuchen ist zu entnehmen, daß zwar auch auf dem einfachen Planrost bei periodischer Beschickung mit gasreicher Kohle rauchschwach gearbeitet werden kann, daß dann aber, sofern nicht ganz mäßige Anstrengung vorliegt, hinsichtlich der Ausnutzung die Ansprüche verhältnismäßig bescheiden sein müssen. Dies ist in folgendem begründet: Die Rauchentwicklung nach dem Beschicken der Feuer rührt bei der Flammrohrinnenfeuerung im allgemeinen nicht von der durch die Beschickung eintretenden Abkühlung des Verbrennungsraumes her, sondern von dem während der Entgasungsperiode gewöhnlich herrschenden Luftmangel. Die unmittelbar nach der Beschickung sich entwickelnden Gase verlangen zu ihrer vollkommenen Verbrennung sehr viel Luft, welchem Bedarf, bei derart erfolgender Beschickung, daß die frische Kohle gleichmäßig über den ganzen Rost aufgeworfen und letzterer hierbei überall gut bedeckt gehalten wird, nicht entsprochen werden kann, falls die Luftzufuhr ausschließlich durch den Rost vor sich geht. Die Folge solcher Arbeitsweise ist allerdings der Eintritt eines guten mittleren Kohlensäuregehaltes, also mäßigen Luftüberschusses, aber auch starker Rauchentwicklung unmittelbar nach der Beschickung. Die Vermeidung letzterer, also die Erzielung vollkommener Verbrennung der aus der Kohle sich entwickelnden Gase ist, wie der Versuch zeigt, ohne Zuhilfenahme besonderer Sekundärluftzufuhr zwar dadurch zu erreichen, daß der Rost nur teilweise bedeckt wird, die zu vollkommener Verbrennung der Gase erforderliche Luft also durch unbedeckte oder nur schlecht bedeckte Stellen des Rostes eintritt. Eine solche Arbeitsweise hat aber, da der Luftbedarf mit fortschreitender Entgasung erheblich abnimmt, zur Folge, daß die Luftzufuhr, welche bei dem allmählichen Abbrand zunimmt, nach der Entgasung viel zu groß ist, worunter die Wirtschaftlichkeit im allgemeinen noch stärker leidet, als durch die periodisch auftretende unvollkommene Verbrennung bei geringem Luftüberschuß. Nur bei schwacher Belastung, wobei es möglich ist, in der Weise zu arbeiten, daß die Kohle vorn aufgelegt und erst nach erfolgter Entgasung zurückgeschoben wird, läßt sich mäßige Rauchentwicklung bei geringem Luftüberschuß erzielen. Indessen können auch bei dieser Arbeitsweise und besonders gasreichen Kohlen bei dem alsdann eintretenden Schwelen des Feuers größere Verluste durch unverbrannte Gase eintreten als gemeinhin angenommen wird. Ist solche Arbeitsweise mit Rücksicht auf die Belastungsverhältnisse nicht durchführbar, so muß entweder mit geringerer Ausnutzung vorlieb genommen werden, oder man hat nach dem Aufwerfen starke Rauchentwicklung zu gewärtigen, wobei indessen die Verluste durch unvollkommene Verbrennung auch recht erheblich werden können.

Demgegenüber hat die selbsttätig regelbar erfolgende Zufuhr von Sekundärluft den unbedingten Vorteil, daß sie beides, gute Ausnutzung und mäßige Rauchentwicklung auch bei den gasreichsten Kohlen zu vereinigen gestattet unter der Bedingung, daß durch geeignete konstruktive Durchbildung der Einrichtung dauernd ein pünktliches Funktionieren gesichert ist. Dadurch, daß der während der Entgasung überschießende Bedarf an Luft durch besondere, unmittelbar in den brennenden Gasstrom einmündende Kanäle zugeführt wird, deren Abschlußorgane allmählich den Zutritt verringern und schließlich ganz absperren, ist die Möglichkeit gegeben, den Rost in vollständig gleichmäßiger, ebener Schicht von hinten bis vorn flach zu beschicken und gut bedeckt zu halten, wobei die Luftzuströmung jederzeit dem wechselnden Bedarf angepaßt werden kann. Man ist daher, wenn auch die Abhängigkeit vom Heizer hinsichtlich Erzielung guter Brennstoffausnutzung ebenso bestehen bleibt wie beim gewöhnlichen Planrost ohne Sekundärluftzufuhr, bei Verwendung letzterer unbedingt in der Lage, auch bei Verheizung von sehr gasreichen Kohlen mit mäßigem Luftüberschuß zu arbeiten und gleichzeitig die Rauchentwicklung in durchaus befriedigendem Maße einzuschränken. Die Arbeitsweise ist dabei nicht nur sehr einfach, sondern auch leicht kontrollierbar, da bei dieser Art der Feuerführung der Rost immer übersichtlich bleibt und leere Stellen sofort bemerkt werden können. Wird die Kohle vorn aufgegeben und nachher zurückgeschoben, so ist eine Kontrolle in dieser Richtung besonders hinsichtlich Bedeckung der hinteren Rosthälfte in ungleich geringerem Maße möglich, und soll der Heizer ohne Zuhilfenahme von Sekundärluft bei gasreicher Kohle rauchschwache Verbrennung erzielen, so ist es überhaupt ausgeschlossen, allein nach dem Zustande des Feuers die Beschickung des Rostes zu kontrollieren, da dieser alsdann nicht vollständig bedeckt werden darf. Dabei ändert sich mit dem Abbrand des Feuers die Luftzuströmung entgegengesetzt dem Wechsel im Luftbedarf. Überdies ist es ohne gleichzeitige Untersuchung der Heizgase kaum möglich, hinsichtlich des Maßes der Rostbedeckung bzw. der Ausdehnung der freizulassenden Stellen jeweils das Richtige zu treffen. Auf alle Fälle ist bei solcher Bedienungsweise die Kontrolle viel schwieriger, und außerdem hat der Heizer ungleich mehr Aufmerksamkeit aufzuwenden, als es bei völlig gleichmäßiger Rostbedeckung naturgemäß der Fall ist. Das gleiche gilt auch von der zuvor erwähnten Art der Feuerführung mit Aufwerfen vorn und nachherigem Zurückschieben.

Ein Nachteil der Feuerungen mit Sekundärluftzufuhr, der darin besteht, daß bei unrichtiger Einstellung der Abschlußklappe mehr Luft als notwendig zutreten und dadurch die Wirtschaftlichkeit Einbuße erleiden kann, läßt sich bei einer regelmäßigen Kontrolle, wie sie vom Verein für Feuerungsbetrieb und Rauchbekämpfung in Hamburg in den ihm unterstellten Anlagen ausgeübt wird, in hinreichender Weise begegnen[1]). Übrigens ist noch zu bemerken, daß auch bei unsachgemäßer Wartung von diesen Feuerungen im allgemeinen nicht behauptet werden kann, sie arbeiten unwirtschaftlicher als der einfache Planrost unter denselben Bedingungen, während es umgekehrt nach vorstehenden Versuchen als zweifellos erscheint, daß mit ihnen unter sachgemäßer Anwendung und Behandlung bei gasreichen Kohlen bessere Ausnutzung zu erzielen ist als ohne Zuführung von Sekundärluft. Außerdem ist erwiesen, daß sie, ohne ihrer rauchvermindernden

[1]) Siehe hierüber auch F. Haier, Zeitschrift des Vereines Deutscher Ingenieure 1905, S. 20 u. f.

Eigenschaften verlustig zu gehen, beträchtliche Rostanstrengungen zulassen, welche zu überschreiten jedenfalls auch durchaus nicht im Interesse der Wirtschaftlichkeit liegt. Selbst bei Anstrengungen bis zu 150 kg pro qm Rostfläche und Stunde ist auch bei sehr gasreicher Kohle durchaus befriedigend vollkommene Verbrennung bei einem mittleren Kohlensäuregehalt von ca. 12 v. H. am Kesselende zu erzielen. Ohne Sekundärluftzufuhr tritt bei so hohen Beanspruchungen sehr starke Rauchbildung ein, so daß bei den Versuchen Verluste bis zu 14 v. H. durch unvollkommene Verbrennung zu konstatieren waren, die allerdings bei der durch die Sekundärluftzufuhr bewirkten vollkommeneren Verbrennung insofern nicht vollständig nutzbar gemacht werden konnten, als hierbei der Abwärmeverlust etwas zunahm. Immerhin war bei diesen hohen Belastungen durch die Sekundärluftzufuhr eine ganz nennenswerte Steigerung der Ausnutzung bei weitgehender Einschränkung der Rauchentwicklung herbeizuführen. Ebenso ließ sich bei den niedrigen Belastungsstufen, trotzdem es sich dabei um geringere Verluste durch unvollkommene Verbrennung handelt, die günstige Beeinflussung der Ausnutzung nicht verkennen, und es traten sehr befriedigende Rauchverhältnisse ein. Rostanstrengungen unter 60—70 kg erweisen sich für gasreiche Kohle als nicht besonders günstig. Zur Erzielung mäßigen Luftüberschusses muß dabei mit sehr geringem Zug gearbeitet werden, so daß selbst mittels Sekundärluftzufuhr nicht vollständig befriedigende Verbrennungsverhältnisse zu erreichen sind. Auch bei Auflegen der Kohle vorn und Zurückschieben nach erfolgter Entgasung, welche Bedienungsweise überhaupt nur für mäßige Rostanstrengungen in Betracht kommt, ist es schwer, einigermaßen vollkommene Verbrennung herbeizuführen; besonders der Verlust in unverbrannten Gasen kann noch recht erheblich werden.

Die zuweilen geäußerte Befürchtung, daß bei Zufuhr von Sekundärluft stärkere Temperaturschwankungen auftreten und damit eine schädliche Einwirkung auf die Nietnähte usw. Platz greifen könnte, ist nicht gerechtfertigt, da ja tatsächlich die Sekundärluft sofort zur Verbrennung der Gase verbraucht wird, so daß infolge der hiermit verbundenen Wärmeentwicklung bei richtiger Regulierung eine schädliche Abkühlung durch sie ausgeschlossen ist. Ohne Frage treten bei dem sehr häufig angetroffenen Arbeiten mit vollem Schornsteinzug, wobei der Rost periodisch leer brennt, erheblich stärkere Temperaturschwankungen ein als sie unter den gleichmäßigen Verbrennungsverhältnissen, welche bei sachgemäßer Verwendung selbsttätig regelbarer Sekundärluftzufuhr festgestellt wurden, zu erwarten sind.

Unter den verschiedenen Arten der Sekundärluftzufuhr erwies sich diejenige durch die durchbrochene Feuerbrücke am wirksamsten. Wenn auch die Unterschiede sowohl hinsichtlich Rauchverminderung als Ausnutzung bei den verschiedenen untersuchten Arten der Luftzufuhr nicht groß sind, so ließen sich solche doch feststellen. Die Zufuhr von vorn läßt zweifellos die beste Kontrolle zu, da man die Regulierklappe stets vor Augen hat, und es ist nicht ausgeschlossen, daß sich durch eine für möglichst gute Mischung Sorge tragende Anordnung hierbei dasselbe erreichen läßt, wie bei Zufuhr durch die Feuerbrücke. Als der von den drei untersuchten Typen verhältnismäßig am wenigsten günstige Ort zur Zufuhr der Sekundärluft erwies sich der Raum hinter der Feuerbrücke, da sich an dieser Stelle eine hinreichende Mischung schwieriger herbeiführen läßt. Die Anordnung eines Einbaues, welcher letztere bewirken soll, übt auf die Erzielung höherer Anstrengungen, sowie auf die Wärmeausnutzung einen nachteiligen Einfluß aus.

Mit dem untersuchten mechanischen Feuerungsapparat ließ sich bei Verheizung von Nußkohlen sowohl in bezug auf Rauchentwicklung als auch auf Ausnutzung durchaus Befriedigendes erzielen. Allerdings traten in letzterer Beziehung auch keine besseren Verhältnisse ein als bei aufmerksamer Handbeschickung unter sachgemäßer Anwendung von Sekundärluftzufuhr. Die Verbrennung ist naturgemäß gleichmäßiger, doch kann hinsichtlich ihrer Vollkommenheit bei der eben erwähnten Methode ungefähr dasselbe erreicht werden. Der Handbeschickung ohne Sekundärluftzufuhr ist die mechanische dagegen entschieden überlegen, und ebenso besitzt sie gegenüber ersterer mit Sekundärluftzufuhr den nicht zu unterschätzenden Vorteil, daß bei Verheizung von Nußkohle die Herbeiführung befriedigender Verhältnisse in geringerer Abhängigkeit von der Pünktlichkeit und Zuverlässigkeit des Heizers möglich ist, was besonders da eine Rolle spielt, wo eine genügende Beaufsichtigung der Feuerungsanlagen und deren Bedienung fehlt. Außerdem kann in größeren Anlagen bei gleichzeitiger Einrichtung selbsttätiger Bekohlung der Apparate an Personal gespart werden.

Zur Erzielung guter Ausnutzung ist aber aufmerksame Behandlung und richtiges Verständnis für die Feuerungsvorgänge auch nicht zu entbehren. Besonders bei wechselndem Betrieb ist eine sachgemäße Regulierung der Brenngeschwindigkeit mit Hilfe des Zugschiebers für die Ausnutzungsverhältnisse von ebenso großer Bedeutung wie bei Handbeschickung. Sobald mit zu hohem Zug, also mit zu starker Luftzufuhr gearbeitet wird, leidet die Ausnutzung genau so wie dort.

Die Zweckmäßigkeit von Wurfapparaten hängt ferner wesentlich von den zur Verwendung kommenden Brennstoffen ab. Sobald die Korngröße ungleich oder die Kohle grushaltig wird, läßt die Rostbedeckung zu wünschen übrig, und es muß um so häufiger nachgeholfen werden, je ungleichmäßiger die Kohle ist. Für Förderkohle war ein Vorteil gegenüber der Handbeschickung nicht zu konstatieren.

Hinsichtlich des Einflusses der Sekundärluft bei der mechanischen Beschickung war festzustellen, daß bei mäßiger Rostanstrengung ein wesentlicher Unterschied ohne und mit Verwendung solcher nicht eintrat. Dagegen ergaben sich bei höheren Anstrengungen ohne Sekundärluft immerhin Verluste durch unvollkommene Verbrennung bis zu 6 v. H., so daß hierbei durch Anwendung von Sekundärluft doch eine Steigerung der Ausnutzung um ca. 3 v. H. bei gleichzeitiger Einschränkung der Rauchentwicklung sich erreichen ließ. Die Luftzufuhr von vorn durch die mit Gitterwerk versehene Feuertür war in diesem Falle zweckmäßig.

VI. Temperatur- und Zugmessungen am Schornstein.

In Verbindung mit den Versuchen an der Kesselanlage wurden noch Messungen vorgenommen, um über den Wärmedurchgang durch die Wandungen des mit Doppelmantel versehenen Blechschornsteins Aufschluß zu erhalten, sowie festzustellen, inwieweit der vom Schornstein erzeugte Unterdruck durch die in ihm auftretende Gasgeschwindigkeit beeinflußt wird.

Fig. 83. Temperaturabnahme im Schornstein.

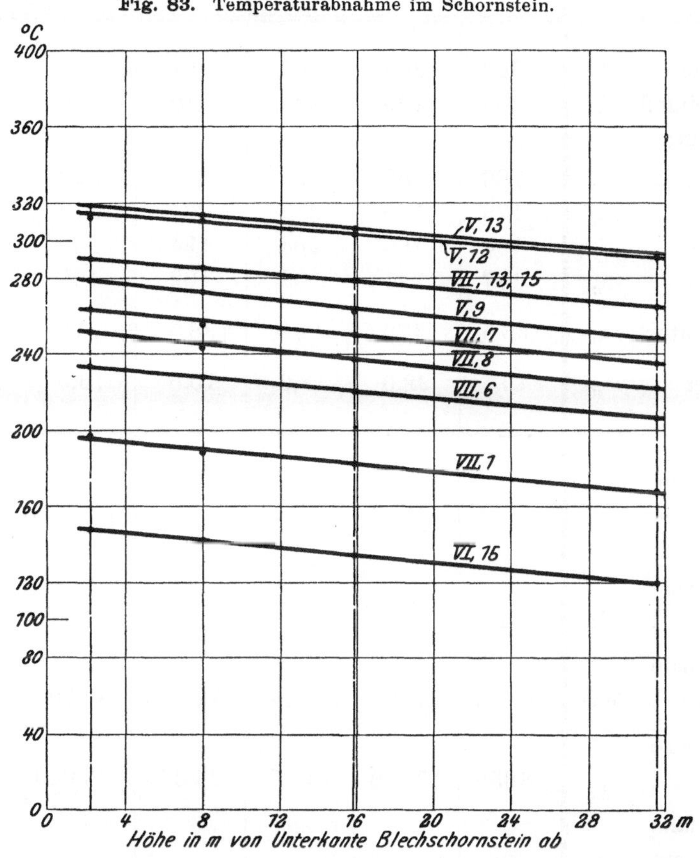

Zu diesem Zwecke waren zuerst außer einem im Schornsteinsockel, 300 mm unter dem Fuß des Blechschornsteins befindlichen, geprüften Quecksilberthermometer noch drei Thermoelemente in 8,0, 15,9 und 31,6 m Höhe des Blechmantels eingesetzt worden (siehe auch Fußbemerkung S. 10). Dabei ergab sich vom Schornsteinsockel bis zum ersten Thermoelement im Mantel ein verhältnismäßig großer Temperaturabfall, welcher nur daher rühren konnte, daß durch das Mauerwerk des Sockels Luft nachgesaugt wurde. Um diesen störenden Einfluß

Zahlentafel 29.

Versuchsnummer		IV, 19	IV, 20	V, 1	V, 2	V, 3	V, 4	V, 6	V, 7
Temperatur am Kesselende .	°C	238	248	269	261	287	280	313	309
„ „ Schornsteinfuß	„	208	209	235	219	230	237	—	—
„ im Schornstein:									
Meßstelle I	„	186	189	226	215	229	236	276	268
„ II	„	173	176	213	204	218	225	267	259
„ III	„	164	166	204	194	208	214	260	251
„ IV	„	147	151	192	182	195	200	248	236
Mittlere Schornsteintemperatur	„	166,5	170	209	198,5	212	218	262	252
Temperatur der Außenluft .	„	19,5	22,0	18,0	15,5	16,0	19,0	16,5	15,0
Durch den Schornsteinmantel auf Strecke I bis IV verloren gegangene Wärme in v. H. der an Meßstelle I vorhandenen	v. H.	24	23	16	17	16	17	11	13
An Meßstelle I pro Stunde vorbeigehende Wärme in .	WE	75150	74700	153 450	142 950	156 500	154 850	275 000	239 1[illegible]
Stündlicher Verlust auf Strecke I bis IV	„	18050	17100	24 550	24 300	25 000	26 300	30 250	31 1[illegible]
Mittleres Temperaturgefälle gegen die Außenluft auf Strecke I bis IV . . .	°C	147	148	191	183	196	199	245	237
Wärmedurchgang pro qm Mantelfläche und Stunde auf 1° Temperaturdifferenz bei 78,4 qm Gesamtmantelfläche	WE	1,57	1,47	1,64	1,69	1,63	1,69	1,58	1,67
Unterdruck am Schornsteinfuß in mm Wassersäule:									
gemessen	mm WS	15,0	16,0	19,0	19,5	20,0	19,5	22,0	22,0
berechnet	„ „	13,9	13,7	16,5	16,3	17,0	16,8	19,2	19,0
Gasgeschwindigkeit in Meter pro Sekunde		0,99	0,96	1,9	1,8	1,9	1,8	3,0	2,7

V, 8	V, 9	V, 10	V, 11	V, 12	V, 13	V, 14	VI, 15	VI, 16	VI, 1	VI, 8	VII, 18	VII, 19	Mittel
325	317	354	342	359	366	349	199	199	313	388	349	349	
—	—	—	306	319	327	311	152	152	293	355	320	318	
284	279	317	304	312	318	309	148	147	290	343	300	303	
276	273	313	300	310	313	308	142	140	295	346	299	303	
268	263	306	294	304	307	303	135	132	293	336	297	301	
254	248	290	280	290	292	288	119	117	281	324	284	289	
260	263,5	303,5	292	301	305	298,5	133,5	132	285,5	333,5	292	301	
17,0	21,5	26,0	18,0	17,5	16,5	21,5	26,5	28,0	26,0	20,5	10,0	7,5	
11	12	9	8	7	9	7							
74 550	233 100	364 250	354 700	430 100	425 650	390 500							
30 200	27 950	32 800	28 400	30 100	38 300	27 350							
252	242	278	274	283	288	277							
1,53	1,47	1,51	1,32	1,36	1,69	1,26	—	—	—	—	—	—	1,54
21,0	20,0	20,0	21,0	22,0	22,0	21,0	11,5	11,5	20,0	22,0	20,5	21,2	
19,4	18,5	19,5	20,2	20,6	20,9	19,9	10,7	10,3	18,8	21,3	21,4	21,9	
2,9	2,5	3,8	3,7	4,3	4,2	4,0	0,58	0,59	5,2	4,7	5,0	5,3	

Zahlentafel 30.

Versuchsnummer		VII, 1	VII, 4	VII, 2
Temperatur am Kesselende	°C	245	260	262
„ „ Schornsteinfuß	„	209	222	227
„ im Schornstein:				
Meßstelle I	„	197	214	215
„ II	„	188	206	207
„ III	„	182	199	201
„ IV	„	168	184	187
Mittlere Schornsteintemperatur	„	182,5	199	201
Temperatur der Außenluft	„	13,5	11,5	14,5
Durch den Schornsteinmantel auf Strecke I bis IV verloren gegangene Wärme in v. H. der an Meßstelle I vorhandenen	v. H.	16	15	14
An Meßstelle I pro Stunde vorbeigehende Wärme in	WE	145 900	156 200	159 000
Stündlicher Verlust auf Strecke I bis IV	„	23 350	23 450	22 250
Mittleres Temperaturgefälle gegen die Außenluft auf Strecke I bis IV	°C	169	187	186
Wärmedurchgang pro qm Mantelfläche und Stunde auf 1° Temperaturdifferenz (bei 78,4 qm Gesamtmantelfläche.	WE	1,76	1,60	1,53
Unterdruck am Schornsteinfuß in mm Wassersäule:				
gemessen	mm WS	16,8	18,1	19,3
berechnet	„ „	15,7	17,0	16,6
Gasgeschwindigkeit in Meter pro Sekunde		1,9	1,9	1,9

auszuschalten, wurde in der Folge der unterste maßgebende Meßpunkt für den Temperaturabfall in 2,25 m Höhe des Blechmantels gewählt, und dort ein weiteres Thermoelement eingesetzt. Wie sich zeigte, war von diesem Punkte ab eine Beeinflussung der Temperaturabnahme durch Luftnachsaugung nicht mehr vorhanden, und es verblieb immerhin noch eine Meßlänge von 29,35 m. Bei dem auf dieser Strecke eintretenden verhältnismäßig geringen Temperaturabfall erschien eine ausreichend sichere Ermittlung der Klemmentemperatur der Thermoelemente besonders wichtig. Zugänglich zur Messung waren nur die Klemmen des untersten

VII, 6	VII, 7	VII, 3	VII, 8	VII, 9	VII, 13	VII, 14	VII, 15	Mittel
274	275	284	295	301	332	329	340	
235	237	250	257	265	297	296	306	
233	233	242	252	263	290	287	290	
227	224	234	243	256	285	282	285	
221	218	229	237	251	280	276	279	
206	204	216	222	235	264	259	264	
219,5	218,5	229	237	249	277	273	277	
12,5	12,0	14,0	12,0	12,5	6,0	9,5	8,5	
12	13	11	13	11	9	10	9	
200 050	202 300	234 500	237 450	248 850	351 300	355 500	365 750	
24 000	26 300	25 800	30 850	27 350	31 600	35 550	32 900	
207	207	215	225	236	271	263	270	
1,48	1,62	1,53	1,75	1,48	1,49	1,72	1,55	1,59
18,7	18,3	19,6	20,6	20,1	22,2	21,8	23,2	
17,9	17,8	18,1	18,8	19,2	21,7	20,7	21,0	
2,3	2,3	2,7	2,7	2,7	3,5	3,6	3,7	

Elementes. Um die hierfür gefundene Temperatur auch für die anderen Elemente als gültig annehmen zu können, mußten sämtliche Klemmen in gleicher Weise vor strahlender Wärme geschützt werden, was man dadurch erreichte, daß man sie in Blechzylinder einhängte, die in einigem Abstand vom Schornsteinmantel angebracht und mit Asbest ausgefüttert wurden.

In den Zahlentafeln 29 und 30 ist eine Anzahl von Messungsergebnissen aufgenommen, welche bei verschieden starken Kesselbelastungen, jedoch unter sonst ähnlichen Versuchsbedingungen gewonnen wurden.

Die in 2,25, 8,0, 15,9 und 31,6 m Höhe vorhandenen Meßstellen sind mit I, II, III und IV bezeichnet. Außerdem sind die Ablesungen an dem im Schornsteinsockel, sowie am Kesselende befindlichen Thermometer ebenfalls mit angegeben.

Bezeichnen T_1 und T_4 die Temperaturen in ^{0}C an den Meßstellen I und IV, t diejenige der Außenluft, so ergibt sich der Wärmeverlust auf der Strecke I bis IV in Bruchteilen des an Punkt I noch vorhandenen Wärmeüberschusses zu

$$\eta = \frac{T_1 - T_4}{T_1 - t}. \tag{31}$$

Die Wärmemenge an Punkt I selbst ermittelt sich aus der am Kesselende gefundenen mit ziemlicher Annäherung unter der Annahme, daß der Wärmeverlust pro 1 m Weglänge auf den beiden Strecken vom Kesselende bis zu Meßstelle I und von Meßstelle I bis Meßstelle IV gleich groß sei. Da die erstere Entfernung 7,5, die letztere 29,35 m beträgt, so erhält man die an Punkt I in der Stunde vorbeiziehende Wärmemenge w in WE, wenn man bezeichnet mit

Va den Abwärmeverlust am Kesselende in v. H. des Heizwertes,
Q den Kohlenheizwert und
K die stündlich verbrannte Kohlenmenge zu

$$w = \frac{Va \cdot K \cdot Q}{1 + \frac{7,5}{29,35}\eta} \text{ WE} = \frac{Va \cdot K \cdot Q}{1 + 0,255\,\eta} \text{ WE}. \tag{32}$$

Da sich, wie aus Fig. 83 ersichtlich, zeigte, daß die Temperaturabnahme auf der Strecke I bis IV praktisch nach einer Geraden erfolgte, so kann für das mittlere Temperaturgefälle auf dieser Strecke gegenüber der Außenluft der Wert

$$\tau = \frac{T_1 - T_4}{2} - t$$

angenommen werden, und der stündliche Wärmedurchgangskoeffizient der F qm großen Mantelfläche des Schornsteines ergibt sich zu

$$k = \frac{\eta \cdot w}{\tau \cdot F} \text{ WE}. \tag{33}$$

In den Zahlentafeln 29 und 30 sind sowohl die Werte für η und w als auch für den stündlichen Wärmeverlust auf der Strecke I bis IV, das zugehörige mittlere Temperaturgefälle und den Wärmedurchgangskoeffizienten aufgenommen.

Wie ersichtlich, ist das Mittel des letzteren in beiden Tafeln mit 1,54 und 1,59 nur wenig verschieden. Die Einzelwerte weichen allerdings untereinander erheblich mehr, aber durchaus unregelmäßig ab, was wohl durch die Verschiedenheit der Witterungsverhältnisse bedingt sein dürfte. Daß der Wärmedurchgangskoeffizient als konstant angenommen werden kann, erhellt insbesondere aus den Fig. 84 und 85. In diesen ist für den Verlauf des Temperaturgefälles aus den Beobachtungswerten einer Kurve ausgemittelt, und aus letzterer und dem in Höhe des Mittelwertes konstant vorausgesetzten Wärmedurchgangskoeffizienten die Kurve der η konstruiert. Wie ersichtlich, stimmt deren Verlauf mit der Lage von den gleichfalls eingetragenen Punkten der Beobachtungswerte gut zusammen.

Außer dem in gleicher Höhe bleibenden und sehr niedrigen Wert des Wärmedurchgangskoeffizienten ist die Änderung des Temperaturgefälles und des prozen-

Fig. 84. Wärmedurchgang im Schornsteinmantel.

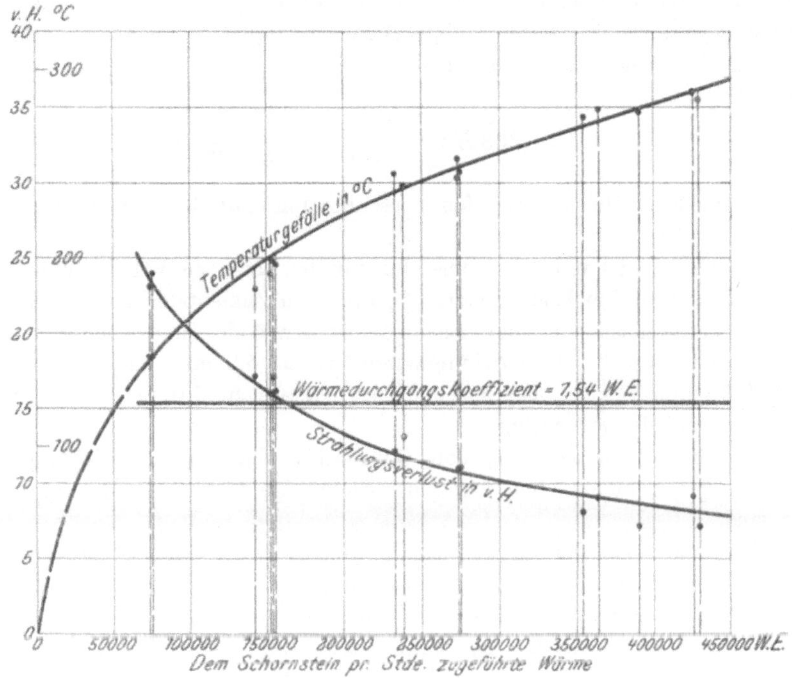

Fig. 85. Wärmedurchgang im Schornsteinmantel.

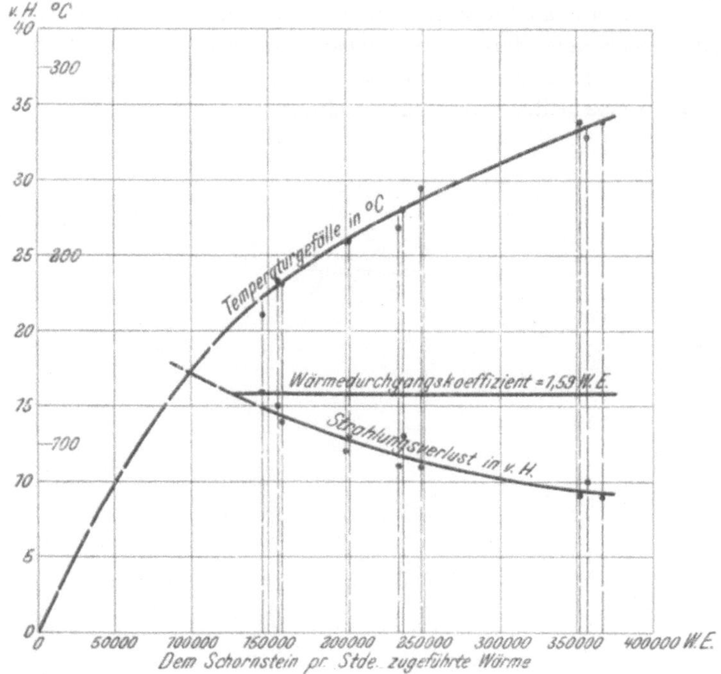

tualen Wärmeverlustes mit Zunahme der durch den Schornstein abströmenden Wärme von besonderem Interesse.

Um festzustellen, inwieweit etwa die Gasgeschwindigkeit im Schornstein den Unterdruck beeinflußt, ist letzterer ohne Berücksichtigung eines solchen Einflusses lediglich aus der Gleichung für das statische Gleichgewicht der Gassäulen aus der bekannten Formel

$$z = 1{,}293\, H \left(\frac{1}{1 + \alpha\, t} - \frac{1}{1 + \alpha\, T_m} \right) \qquad (34)$$

für die verschiedenen Belastungsstufen gerechnet und mit den gemessenen Werten verglichen.

Wie ersichtlich, ist mit Ausnahme der für die Versuche VII, 18 und VII, 19 gefundenen Zahlen in den beiden letzten Spalten von Zahlentafel 29 der gemessene Wert trotz Vernachlässigung der Bewegungswiderstände immer größer als der berechnete, und zwar bei Geschwindigkeiten bis zu 5,2 m. Auch bei den Versuchen VII, 18 und VII, 19, bei welchen sich letztere zu 5,0 und 5,3 m ergeben, sind die Unterschiede nur gering.

Hieraus dürfte hervorgehen, daß Gasgeschwindigkeiten im Schornstein bis zu etwa 6 m pro Sekunde ohne merkbare nachteilige Beeinflussung auf die Zugwirkung sind.

Der Umstand, daß der gemessene Unterdruck sich höher ergab als der berechnete, läßt erkennen, daß die Bewegungswiderstände im Schornstein sehr gering sind. Bis zu oben angegebener Grenze werden sie zweifellos mehr als aufgehoben: bei bewegter Luft durch die auf den Schornstein ausgeübte Saugwirkung des Luftstromes, und bei ruhiger Luft dadurch, daß infolge der senkrecht aufsteigenden Abgassäule die wirksame Schornsteinhöhe vergrößert wird. Zur Berechnung des Unterdrucks reicht also die Gleichung 34 praktisch vollständig aus, wobei die mittlere Schornsteintemperatur mit Hilfe des Wärmedurchgangskoeffizienten zu bestimmen ist. Dieser wird allerdings für gemauerte Schornsteine andere Werte annehmen als hier gefunden; außerdem dürfte bei solchen die unvermeidliche Luftdurchlässigkeit des Mauerwerks sich merklich fühlbar machen und überhaupt die Ermittlung des Wärmedurchgangskoeffizienten sehr erschweren.

Tafel I.

Additional material from *Feuerungsuntersuchungen des Vereins für Feuerungsbetrieb und Rauchbekämpfung in Hamburg, durchgeführt unter der Leitung des Vereinsoberingenieur und Berichterstatters,*

ISBN 978-3-642-89790-0 (978-3-642-89790-0_OSFO12),
is available at http://extras.springer.com

Tafel II.

Additional material from *Feuerungsuntersuchungen des Vereins für Feuerungsbetrieb und Rauchbekämpfung in Hamburg, durchgeführt unter der Leitung des Vereinsoberingenieur und Berichterstatters*,
ISBN 978-3-642-89790-0 (978-3-642-89790-0_OSFO13),
is available at http://extras.springer.com

Tafel III.

Additional material from *Feuerungsuntersuchungen des Vereins für Feuerungsbetrieb und Rauchbekämpfung in Hamburg, durchgeführt unter der Leitung des Vereinsoberingenieur und Berichterstatters,*
ISBN 978-3-642-89790-0 (978-3-642-89790-0_OSFO14),
is available at http://extras.springer.com

Tafel IV.

Additional material from *Feuerungsuntersuchungen des Vereins für Feuerungsbetrieb und Rauchbekämpfung in Hamburg, durchgeführt unter der Leitung des Vereinsoberingenieur und Berichterstatters,*
ISBN 978-3-642-89790-0 (978-3-642-89790-0_OSFO15),
is available at http://extras.springer.com

Tafel V.

Additional material from *Feuerungsuntersuchungen des Vereins für Feuerungsbetrieb und Rauchbekämpfung in Hamburg, durchgeführt unter der Leitung des Vereinsoberingenieur und Berichterstatters,*
ISBN 978-3-642-89790-0 (978-3-642-89790-0_OSFO16),
is available at http://extras.springer.com

Tafel VI.

Additional material from *Feuerungsuntersuchungen des Vereins für Feuerungsbetrieb und Rauchbekämpfung in Hamburg, durchgeführt unter der Leitung des Vereinsoberingenieur und Berichterstatters,*
ISBN 978-3-642-89790-0 (978-3-642-89790-0_OSFO17),
is available at http://extras.springer.com

Tafel VII.

Additional material from *Feuerungsuntersuchungen des Vereins für Feuerungsbetrieb und Rauchbekämpfung in Hamburg, durchgeführt unter der Leitung des Vereinsoberingenieur und Berichterstatters,*
ISBN 978-3-642-89790-0 (978-3-642-89790-0_OSFO18),
is available at http://extras.springer.com

Tafel VIII.

Additional material from *Feuerungsuntersuchungen des Vereins für Feuerungsbetrieb und Rauchbekämpfung in Hamburg, durchgeführt unter der Leitung des Vereinsoberingenieur und Berichterstatters,*
ISBN 978-3-642-89790-0 (978-3-642-89790-0_OSFO19),
is available at http://extras.springer.com

Tafel IX.

Additional material from *Feuerungsuntersuchungen des Vereins für Feuerungsbetrieb und Rauchbekämpfung in Hamburg, durchgeführt unter der Leitung des Vereinsoberingenieur und Berichterstatters,*
ISBN 978-3-642-89790-0 (978-3-642-89790-0_OSFO20),
is available at http://extras.springer.com

Tafel X.

Additional material from *Feuerungsuntersuchungen des Vereins für Feuerungsbetrieb und Rauchbekämpfung in Hamburg, durchgeführt unter der Leitung des Vereinsoberingenieur und Berichterstatters*,
ISBN 978-3-642-89790-0 (978-3-642-89790-0_OSFO21),
is available at http://extras.springer.com

Tafel XI.

Additional material from *Feuerungsuntersuchungen des Vereins für Feuerungsbetrieb und Rauchbekämpfung in Hamburg, durchgeführt unter der Leitung des Vereinsoberingenieur und Berichterstatters,*
ISBN 978-3-642-89790-0 (978-3-642-89790-0_OSFO22),
is available at http://extras.springer.com

Tafel XII.

Additional material from *Feuerungsuntersuchungen des Vereins für Feuerungsbetrieb und Rauchbekämpfung in Hamburg, durchgeführt unter der Leitung des Vereinsoberingenieur und Berichterstatters,*
ISBN 978-3-642-89790-0 (978-3-642-89790-0_OSFO23),
is available at http://extras.springer.com

Tafel XIII.

Additional material from *Feuerungsuntersuchungen des Vereins für Feuerungsbetrieb und Rauchbekämpfung in Hamburg, durchgeführt unter der Leitung des Vereinsoberingenieur und Berichterstatters,*
ISBN 978-3-642-89790-0 (978-3-642-89790-0_OSFO24),
is available at http://extras.springer.com

Tafel XIV.

Additional material from *Feuerungsuntersuchungen des Vereins für Feuerungsbetrieb und Rauchbekämpfung in Hamburg, durchgeführt unter der Leitung des Vereinsoberingenieur und Berichterstatters,*
ISBN 978-3-642-89790-0 (978-3-642-89790-0_OSFO25),
is available at http://extras.springer.com

Zahlentafel 13.

Versuche mit u. ohne Sekundärluftzufuhr,
„Westhartley-Main“, 18 kg Belastung.

Additional material from *Feuerungsuntersuchungen des Vereins für Feuerungsbetrieb und Rauchbekämpfung in Hamburg, durchgeführt unter der Leitung des Vereinsoberingenieur und Berichterstatters,*
ISBN 978-3-642-89790-0 (978-3-642-89790-0_OSFO26),
is available at http://extras.springer.com

Zahlentafel 14.

Versuche mit u. ohne Sekundärluftzufuhr, „Westhartley-Main“, 24 kg Belastung.

Additional material from *Feuerungsuntersuchungen des Vereins für Feuerungsbetrieb und Rauchbekämpfung in Hamburg, durchgeführt unter der Leitung des Vereinsoberingenieur und Berichterstatters,*
ISBN 978-3-642-89790-0 (978-3-642-89790-0_OSFO27),
is available at http://extras.springer.com

Zahlentafel 15.

Versuche mit u. ohne Sekundärluftzufuhr,
„Westhartley-Main“, 30 kg Belastung.

Additional material from *Feuerungsuntersuchungen des Vereins für Feuerungsbetrieb und Rauchbekämpfung in Hamburg, durchgeführt unter der Leitung des Vereinsoberingenieur und Berichterstatters,*
ISBN 978-3-642-89790-0 (978-3-642-89790-0_OSFO28),
is available at http://extras.springer.com

Zahlentafel 16.

Versuche mit u. ohne Sekundärluftzufuhr, „Rhein-Elbe und Alma“, 18 kg Belastung.

Additional material from *Feuerungsuntersuchungen des Vereins für Feuerungsbetrieb und Rauchbekämpfung in Hamburg, durchgeführt unter der Leitung des Vereinsoberingenieur und Berichterstatters,*
ISBN 978-3-642-89790-0 (978-3-642-89790-0_OSFO29),
is available at http://extras.springer.com

Zahlentafel 17.

Versuche mit u. ohne Sekundärluftzufuhr,
„Rhein-Elbe und Alma", 24 kg Belastung.

Additional material from *Feuerungsuntersuchungen des Vereins für Feuerungsbetrieb und Rauchbekämpfung in Hamburg, durchgeführt unter der Leitung des Vereinsoberingenieur und Berichterstatters*,
ISBN 978-3-642-89790-0 (978-3-642-89790-0_OSFO30),
is available at http://extras.springer.com

Zahlentafel 18.

Versuche mit u. ohne Sekundärluftzufuhr,
„Rhein-Elbe und Alma", 30 kg Belastung.

Additional material from *Feuerungsuntersuchungen des Vereins für Feuerungsbetrieb und Rauchbekämpfung in Hamburg, durchgeführt unter der Leitung des Vereinsoberingenieur und Berichterstatters,*
ISBN 978-3-642-89790-0 (978-3-642-89790-0_OSFO31),
is available at http://extras.springer.com

Zahlentafel 19.

Versuche mit u. ohne Sekundärluftzufuhr,
„New-Pelton-Main“, 18 kg Belastung.

Additional material from *Feuerungsuntersuchungen des Vereins für Feuerungsbetrieb und Rauchbekämpfung in Hamburg, durchgeführt unter der Leitung des Vereinsoberingenieur und Berichterstatters,*
ISBN 978-3-642-89790-0 (978-3-642-89790-0_OSFO32),
is available at http://extras.springer.com

Zahlentafel 20.

Versuche mit u. ohne Sekundärluftzufuhr,
„New-Pelton-Main“, 24 kg Belastung.

Additional material from *Feuerungsuntersuchungen des Vereins für Feuerungsbetrieb und Rauchbekämpfung in Hamburg, durchgeführt unter der Leitung des Vereinsoberingenieur und Berichterstatters,*
ISBN 978-3-642-89790-0 (978-3-642-89790-0_OSFO33),
is available at http://extras.springer.com

Zahlentafel 21.

Versuch mit u. ohne Sekundärluftzufuhr,
„New-Pelton-Main“, 30 kg Belastung.

Additional material from *Feuerungsuntersuchungen des Vereins für Feuerungsbetrieb und Rauchbekämpfung in Hamburg, durchgeführt unter der Leitung des Vereinsoberingenieur und Berichterstatters*,
ISBN 978-3-642-89790-0 (978-3-642-89790-0_OSFO34),
is available at http://extras.springer.com

Zahlentafel 22.

Versuche bei 12 kg Belastung mit Sekundärluftzufuhr u. mit Kopfheizen (verschiedene Kohlen).

Additional material from *Feuerungsuntersuchungen des Vereins für Feuerungsbetrieb und Rauchbekämpfung in Hamburg, durchgeführt unter der Leitung des Vereinsoberingenieur und Berichterstatters,*
ISBN 978-3-642-89790-0 (978-3-642-89790-0_OSFO35),
is available at http://extras.springer.com

Zahlentafel 23.

Zusammenstellung der Versuche mit „Westhartley-Main“
mit u. ohne Sekundärluftzufuhr, verschiedene Belastung.

Additional material from *Feuerungsuntersuchungen des Vereins für Feuerungsbetrieb und Rauchbekämpfung in Hamburg, durchgeführt unter der Leitung des Vereinsoberingenieur und Berichterstatters,*
ISBN 978-3-642-89790-0 (978-3-642-89790-0_OSFO36),
is available at http://extras.springer.com

Zahlentafel 24.

Zusammenstellung der Versuche mit „Rhein-Elbe und Alma“ mit u. ohne Sekundärluftzufuhr, verschiedene Belastung.

Additional material from *Feuerungsuntersuchungen des Vereins für Feuerungsbetrieb und Rauchbekämpfung in Hamburg, durchgeführt unter der Leitung des Vereinsoberingenieur und Berichterstatters,*
ISBN 978-3-642-89790-0 (978-3-642-89790-0_OSFO37),
is available at http://extras.springer.com

Zahlentafel 25.

Zusammenstellung der Versuche mit „New-Pelton-Main“ mit u. ohne Sekundärluftzufuhr, verschiedene Belastung.

Additional material from *Feuerungsuntersuchungen des Vereins für Feuerungsbetrieb und Rauchbekämpfung in Hamburg, durchgeführt unter der Leitung des Vereinsoberingenieur und Berichterstatters,*
ISBN 978-3-642-89790-0 (978-3-642-89790-0_OSFO38),
is available at http://extras.springer.com

Zahlentafel 26.

Versuche mit mechanischer Rostbeschickung.

Additional material from *Feuerungsuntersuchungen des Vereins für Feuerungsbetrieb und Rauchbekämpfung in Hamburg, durchgeführt unter der Leitung des Vereinsoberingenieur und Berichterstatters,*
ISBN 978-3-642-89790-0 (978-3-642-89790-0_OSFO39),
is available at http://extras.springer.com